系统集成项目管理工程师
真题及冲刺卷精析
（适用机考）

主　编　薛大龙

副主编　唐　徽　刘开向　马晓男

中国水利水电出版社
www.waterpub.com.cn
·北京·

内 容 提 要

系统集成项目管理工程师第三版考试大纲已经发布，由于新版考纲相较于旧版考纲变化较大，配套的第三版新教材的内容也有了巨大变化。这就导致历年真题、练习题等题目，无法适用于当前备考。

本书各试卷中的题目，一部分是作者根据历年考试大数据分析、第三版大纲新增或发生变化的内容、机考特点、自身授课经验全新设计的，另一部分源自历年考试真题，但全部严格根据第三版考试大纲及教程进行了针对性修改。因此本书全部题目完全适用于机考改革后的备考使用，完全不必担心新旧大纲及教程内容变化所带来的疑忌。本书所有的题目皆配有深入解析及答案，解析力图通过考点把复习内容延伸到所涉知识面，同时力图以严谨而清晰的讲解让考生真正理解知识点。希望本书能够极大地提高考生的备考效率。

本书由长期从事软考培训工作的薛大龙老师担任主编。薛老师熟悉考题的形式、难度、深度和重点，了解考生学习过程中的难点。本书可作为考生备考"系统集成项目管理工程师"考试的学习资料，也可供相关培训班使用。

图书在版编目（CIP）数据

系统集成项目管理工程师真题及冲刺卷精析 ： 适用

机考 ／ 薛大龙主编. -- 北京 ： 中国水利水电出版社，

2024. 8. -- ISBN 978-7-5226-2673-4

Ⅰ. TP311.5-44

中国国家版本馆CIP数据核字第2024GJ4158号

策划编辑：周春元		责任编辑：王开云	封面设计：李 佳

书　　名	**系统集成项目管理工程师真题及冲刺卷精析（适用机考）** XITONG JICHENG XIANGMU GUANLI GONGCHENGSHI ZHENTI JI CHONGCIJUAN JINGXI (SHIYONG JIKAO)	
作　　者	主　编　薛大龙 副主编　唐　徽　刘开向　马晓男	
出版发行	中国水利水电出版社 （北京市海淀区玉渊潭南路 1 号 D 座　100038） 网址：www.waterpub.com.cn E-mail: mchannel@263.net（答疑） 　　　　sales@mwr.gov.cn 电话：（010）68545888（营销中心）、82562819（组稿）	
经　　售	北京科水图书销售有限公司 电话：（010）68545874、63202643 全国各地新华书店和相关出版物销售网点	
排　　版	北京万水电子信息有限公司	
印　　刷	三河市鑫金马印装有限公司	
规　　格	184mm×240mm　16 开本　11.75 印张　295 千字	
版　　次	2024 年 8 月第 1 版　2024 年 8 月第 1 次印刷	
印　　数	0001—3000 册	
定　　价	48.00 元	

编　委　会

主　任：薛大龙

副主任：兰帅辉　唐　徽

委　员：刘开向　胡　强　朱　宇　杨亚菲

　　　　施　游　孙烈阳　张　珂　何鹏涛

　　　　王建平　艾教春　王跃利　李志生

　　　　吴芳茜　胡晓萍　刘　伟　邹月平

　　　　马利永　王开景　韩　玉　周钰淮

　　　　罗春华　刘松森　陈　健　黄俊玲

　　　　顾　玲　姜美荣　王　红　赵德端

　　　　涂承烨　余成鸿　贾瑜辉　上官绪阳

　　　　马晓男

机考说明及模拟考试平台

一、机考说明

按照《2023 年下半年计算机技术与软件专业技术资格（水平）考试有关工作调整的通告》，自 2023 年下半年起，计算机软件资格考试方式均由纸笔考试改革为计算机化考试。

考试采取科目连考、分批次考试的方式，连考的第一个科目作答结束交卷完成后自动进入第二个科目，第一个科目节余的时长可为第二个科目使用。

高级资格：综合知识和案例分析 2 个科目连考，作答总时长 240 分钟，综合知识科目最长作答时间 150 分钟，最短作答时间 120 分钟，综合知识交卷成功后不参加案例分析科目考试的可以离场，参加案例分析科目考试的，考试结束前 60 分钟可交卷离场。论文科目时长 120 分钟，不得提前交卷离场。

初、中级资格：基础知识和应用技术 2 个科目连考，作答总时长 240 分钟，基础知识科目最短作答时长 90 分钟，最长作答时长 120 分钟，选择不参加应用技术科目考试的，在基础知识交卷成功后可以离场，选择继续作答应用技术科目的，考试结束前 60 分钟可交卷离场。

二、官方模拟考试平台入门及登录方法

根据过往经验，模拟考试平台通常是在考前 20 天左右才开放，且只针对报考成功的考生开放所报考的科目的界面，具体以官方通知为准。

1. 官方模拟考试平台系统操作流程

（1）考生报名成功后，通过电脑端进入 https://bm.ruankao.org.cn/sign/welcome。

（2）点击"模拟练习平台"，如下图所示。

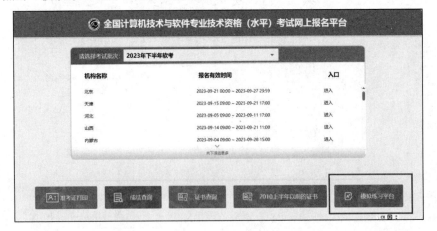

（3）登录后，下载模考系统进行安装，然后打开模考系统，输入考生报名时获得的账号和密码，系统会自动配对所报名的专业，接着选择要练习的试卷后单击"确定"按钮，如下图所示。

（4）登录后输入模拟准考证号和模拟证件号码。模拟准考证号为 11111111111111 （14 个 1），模拟证件号码为 111111111111111111 （18 个 1）。输入完成后单击"登录"按钮进入确认登录界面，如下图所示。

（5）登录完成后进入等待开考界面。这段时间考生需认真阅读《考场规则》和《操作指南》。阅读完毕后，单击"我已阅读"按钮，机考系统将在开考时间到达时自动跳转至作答界面。

（6）作答完毕后进行交卷。

1）交卷。在允许提前交卷的时间范围内，若应试人员决定提前结束作答，可单击屏幕上方的"交卷"按钮，结束答题。若有未作答的试题，机考系统将提示未作答题目数量。考生可返回作答界面继续作答或确认交卷。

2）交卷确认。应试人员确认交卷后，系统进入作答确认界面，将在 30 秒内以图片方式显示作答结果。若记录正常，应试人员应单击"确认正常并交卷"按钮交卷，确认后将不能再返回作答界面，请务必慎重，以免误操作。交卷成功后系统显示如下图所示。

交卷成功，系统提示如下：

如果碰到有些题目没有做完，选择交卷的时候系统会有提示（蓝色标记已经完成，橙色标记未完成），这个时候如果时间充足，最好不要提交，要进入未完成题目继续作答。

2. 软考模拟平台试题界面介绍

试题界面上方为标题栏，左侧为题号栏，右侧为试题。标题栏从左到右，依次显示应试人员基本信息、本场考试名称（具体以正式考试为准）、考试科目名称、机位号、考试剩余时间、"交卷"按钮。**题号栏显示试题序号及试题作答状态，白色背景表示未作答，蓝色背景表示已作答，橙色背景表示当前正在作答，三角形符号表示题目被标记。**试题栏显示题目、作答区域及系统功能。

综合知识卷的试题栏如下图所示。

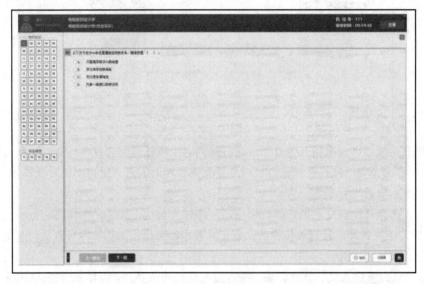

案例分析卷和论文卷的答题栏还会有一些单独的功能键，比如画图（单独的一个绘图程序）、计算器、输入法（根据考点不同，有些考点有十多种，最基本的输入法有微软拼音、极点五笔、搜狗拼音）。具体如下图所示。

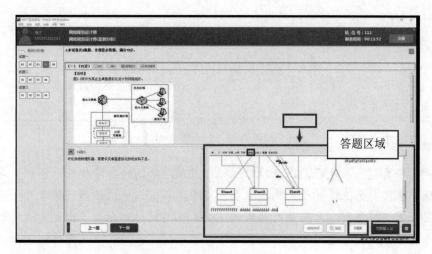

以其中的绘图功能为例，具体界面如下图所示。

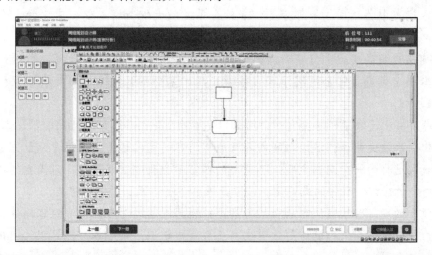

根据机考平台的开放时间，建议报名成功的考生一定要在机考平台上多加练习，熟悉机考的模式，提高打字、画图的熟练度。

本书之 What & Why

为什么选择本书

通过"历年真题"来复习无疑是针对性极强且效率颇高的备考方式，但伴随着《系统集成项目管理工程师》第三版考试大纲及教材的发布，各培训机构讲师及备考考生发现，第三版教材相较于第二版教材，无论是内容架构还是具体内容，都发生了翻天覆地的变化，从而使得"历年真题"完全不适用于当前的备考了。鉴于此，长期从事软考培训工作的薛大龙老师精心组织编写了本书，以期能够让考生获得高效的备考抓手。

本书各试卷中的题目，一部分是作者结合第三版大纲新增或发生变化的内容、机考特点、自身丰富的授课经验而全新设计的，一部分源自历年考试真题，但全部严格根据第三版考试大纲及教程的变化进行了针对性修改，而且根据历年考试大数据分析进行了选择优化。因此本书全部题目完全适用于考生备考使用，完全不必担心新旧大纲及教程内容变化所带来的疑虑。

本书题目突出反映了新增内容和新旧教材发生的变化，如各种过程的输入、工具与技术、输出的变化、术语变化等。这些新增内容及原有内容的变化对于未来的考试至关重要。上述结论基于我们这样的一个基本判断：不重要的内容不会新增巨大篇幅，不重要的变化不会引起对原有内容的修订，新增的或变化的内容如果不考就降低了考试的意义。

本书所有的题目皆配有深入解析及答案，解析力图通过考点把复习内容延伸到所涉知识面，同时力图以严谨而清晰的讲解让考生真正理解知识点。希望本书能够极大地提高考生的备考效率。

本书作者不一般

本书由长期从事软考培训工作的薛大龙老师担任主编，唐徽、刘开向、马晓男担任副主编。

薛大龙，北京理工大学博士研究生，多所大学客座教授，全国计算机技术与软件专业技术资格（水平）考试用书编委会主任，财政部政府采购评审专家，北京市评标专家，非常熟悉命题要求、命题形式、命题难度、命题深度，命题重点及判卷标准等。

唐徽，信息系统项目管理师，系统集成项目管理工程师。全国计算机技术与软件专业技术资格（水平）考试用书编委会委员，软考课程面授名师，项目实践经验丰富，讲课深入浅出，擅长理论结合实践。

刘开向，高级工程师，系统集成项目管理工程师，系统规划与管理师，信息系统监理师，网校名师，具有丰富的授课经验，擅长对考试进行分析和总结，从事信息管理相关工作，具有多年的信息化项目管理经验。

马晓男，系统集成项目管理工程师，全国计算机技术与软件专业技术资格（水平）考试用书编委会委员，西北工业大学、西安电子科技大学、郑州大学特聘讲师，曾多次参与国家公安部组织的"护网行动"红蓝对抗项目及培训，参与众多大型信息项目建设工作，负责规划与技术落地；担任过多场信息安全赛事的出题专家，负责竞赛初赛与决赛过程中大纲修订、题目汇编、考卷评分等相关工作，具有丰富的网络安全攻防对抗、系统集成项目管理以及企业内训授课经验。

致谢

感谢中国水利水电出版社有限公司综合出版事业部周春元副主任在本书的策划、选题申报、写作大纲的确定以及编辑出版等方面付出的辛勤劳动和智慧，以及他给予我们的很多帮助。

编　者
2024 年 5 月

目　　录

系统集成项目管理工程师机考试卷　第1套
基础知识

- 信息系统是由相互联系、相互依赖、相互作用的事物或过程组成的具有整体功能和综合行为的统一体，其特点是面向管理和__(1)__，是__(1)__、信息处理模型和系统实现条件的结合。
  - （1）A. 支持管理　管理模型
  - B. 支持生产　管理模型
  - C. 支持管理　数据管理
  - D. 支持生产　数据管理
- 新型基础设施是以新发展理念为引领，以技术创新为驱动，以信息网络为基础，面向高质量发展需要，提供__(2)__、智能升级、融合创新等服务的基础设施体系，其中__(2)__重在"应用新"。
  - （2）A. 数字转型　融合基础设施
  - B. 数字转型　创新基础设施
  - C. 技术转型　融合基础设施
  - D. 技术转型　信息基础设施
- 农业农村现代化建设的重点内容不包括__(3)__。
  - （3）A. 建设基础设施
  - B. 发展智慧农业
  - C. 深化两化融合
  - D. 建设数字乡村
- 组织能力数字化转型及持续迭代参考模型中，__(4)__实现能力因子相关数据挖掘与数据开发利用，从而发现新的技术和逻辑，提升各项工作效率。
  - （4）A. 决策能力边际化部署
  - B. 数字框架与信息调制设计
  - C. 科学物理赛博机制构筑
  - D. 信息物理世界建设
- __(5)__主要功能是根据帧物理地址进行网络之间的信息转发，可缓解网络通信繁忙度，提高效率。
  - （5）A. 网桥
  - B. 路由器
  - C. 中继器
  - D. 集线器
- 下列说法正确的是__(6)__。
  - （6）A. CIA 三要素是保密性、完整性和可靠性
  - B. 信息系统安全分为设备安全、数据安全、内容安全和行为安全四个层次
  - C. 行为安全是一种静态安全，数据安全是一种动态安全
  - D. 数据安全属性包括保密性、完整性和可控性
- __(7)__是通过多等级的特征和变量来预测结果的神经网络模型，得益于当前计算机架构有了更快的处理速度，可以应对成千上万个特征。
  - （7）A. 自然语言处理
  - B. 专家系统
  - C. 深度学习
  - D. 强化学习

- IT 服务生命周期简称 SDOR，其中 O 是指 __(8)__。
  - (8) A. 设计实现　　　　B. 战略规划　　　　C. 退役终止　　　　D. 运营提升
- __(9)__ 不属于服务标准化的特征。
  - (9) A. 建立了标准的过程、实施规范以及相关制度
    - B. 具有独立的价值、明确的功能和性能指标
    - C. 实施服务的过程有记录，此记录可进行追溯且可审计
    - D. 建立完善的服务质量考核指标体系
- 信息系统体系架构总体参考框架的组成部分不包括 __(10)__。
  - (10) A. 战略系统　　　B. 业务系统　　　C. 应用系统　　　D. 管理系统
- __(11)__ 不是常用的应用架构规划与设计的基本原则。
  - (11) A. 业务适配性原则　　　　　　　　B. 程序复用化原则
    - C. 应用聚合化原则　　　　　　　　D. 风险最小化原则
- 网络架构中，__(12)__ 主要特征是核心路由设备通常采用三层及以上交换机。
  - (12) A. 双核心广域网　　　　　　　　B. 半冗余广域网
    - C. 环形广域网　　　　　　　　　D. 对等子域广域网
- 在结构化分析中，__(13)__ 主要描述实体、属性，以及实体之间的关系，__(13)__ 表示行为模型。
  - (13) A. E-R 图　DFD　　　　　　　　B. DFD　STD
    - C. E-R 图　STD　　　　　　　　D. STD　DFD
- __(14)__ 描述对运行时的处理节点及在其中生存的构件的配置。
  - (14) A. 构件图　　　B. 部署图　　　C. 顺序图　　　D. 状态图
- 数据建模的过程顺序是 __(15)__。
  - ①逻辑模型设计　②数据需求分析　③概念模型设计　④物理模型设计
  - (15) A. ②③①④　　　B. ③②①④　　　C. ①②④③　　　D. ①②③④
- __(16)__ 是一种基于 XML 格式的关于 Web 服务的描述语言。
  - (16) A. JDBC　　　B. SOAP　　　C. WSDL　　　D. UDDI
- 下列不属于计算机网络集成的是 __(17)__。
  - (17) A. 网络传输子系统　　　　　　　　B. 交换子系统
    - C. 安全子系统　　　　　　　　　D. 服务器子系统
- __(18)__ 的功能有对象请求代理、对象服务、公共功能、域接口、应用接口。
  - (18) A. COM　　　B. DCOM　　　C. CORBA　　　D. .NET
- 在 ISO/IEC 27000 系列标准中，给出了 __(19)__ 方面的控制参考。
  - (19) A. 组织、人员、设备、技术　　　　B. 组织、人员、物理、技术
    - C. 人员、过程、网络、技术　　　　D. 人员、网络、物理、技术
- 《信息安全技术 网络安全等级保护基本要求》（GB/T 22239）中，__(20)__ 安全保护能力能够发现重要的安全漏洞和处置安全事件，在自身遭到损害后，能够在一段时间内恢复部分功能。
  - (20) A. 第二级　　　B. 第三级　　　C. 第四级　　　D. 第五级

- ___(21)___ 不是一个项目。

  (21) A. 组织采购和安装新的计算机硬件系统

        B. 市场开发新的复方药

        C. 某饭店清洁人员定期清洁餐桌的服务

        D. 研发新的工艺流程

- 下列说法不正确的是 ___(22)___。

  (22) A. 项目组合是指为实现战略目标而组合在一起管理的项目、项目集、子项目组合和运营工作

        B. 项目组合管理注重项目、项目集、子项目组成部分之间的依赖关系，以确定管理这些项目的最佳方法

        C. 项目集是一组相互关联且被协调管理的项目、子项目集和项目集活动，以便获得分别管理所无法获得的效益

        D. 项目集管理的重点在于以"正确"的方式开展项目集和项目，即"正确地做事"

- 在过程、政策和程序方面需要重点关注启动和规划、执行和监控以及收尾等阶段，其中启动和规划阶段需要关注的内容包括 ___(23)___。

  (23) A. 指南和标准   B. 变更控制程序

        C. 财务控制程序   D. 财务数据库

- 产品管理的表现形式不包括 ___(24)___。

  (24) A. 产品生命周期中包含项目集管理   B. 产品生命周期中包含单个项目管理

        C. 项目集内的产品管理   D. 项目组合内的产品管理

- ___(25)___ 适用于复杂、目标和范围不断变化，干系人的需求需要经过与团队的多次互动、修改、补充、完善后才能满足的项目。

  (25) A. 预测型生命周期   B. 增量型生命周期

        C. 适应型生命周期   D. 迭代型生命周期

- 下列说法不正确的是 ___(26)___。

  (26) A. 项目立项管理包括项目建议与立项申请、项目可行性研究、项目论证、项目评估与决策

        B. 根据情况，初步可行性研究和详细可行性研究可以依据项目的规模和繁简程度合二为一

        C. 在实际工作中详细可行性研究一般是不可缺少的

        D. 升级改造项目只做初步和详细可行性研究

- 项目评估的依据不包括 ___(27)___。

  (27) A. 项目关键建设条件和工程等的协议文件

        B. 项目建议书及其批准文件

        C. 总结、建议和详细评估意见

        D. 必需的其他文件和资料等

- 项目管理原则用于指导项目参与者的行为，勤勉、尊重和关心他人是其原则之一，其关键点

是 __(28)__ 。

(28) A. 关注组织内部和外部的职责   B. 质量通过成果的验收标准来衡量

        C. 展现领导力行为   D. 适应性是应对不断变化的能力

● 关于项目章程的描述，不正确的是 __(29)__ 。

(29) A. 项目章程在项目执行和项目需求之间建立了联系

      B. 项目章程规定项目经理的权力，因此项目章程由项目经理来发布

      C. 项目章程可由发起人编制，也可由项目经理与发起机构合作编制

      D. 明确项目与组织战略目标之间的直接联系是主要作用之一

● 采用影响方向对干系人分类，其分类不包括 __(30)__ 。

(30) A. 向上   B. 向下   C. 向外   D. 向内

● __(31)__ 是需求管理计划的内容之一。

(31) A. 制定项目范围说明书   B. 确定如何审批和维护需求基准

        C. 测量指标及使用这些指标的理由   D. 正式验收已完成的项目可交付成果

● 某公司进行某个项目的时候，安排小刘进行需求收集工作，该项目干系人众多，而且分布在北京、上海、深圳、广州等城市，同时需要识别和定义该项目的可交付成果的特征和功能，并获取一些机密信息，小刘应该采用 __(32)__ 进行需求收集工作。

(32) A. 问卷调查和焦点小组   B. 问卷调查和访谈

        C. 头脑风暴和焦点小组   D. 焦点小组和访谈

● 进度管理计划的内容不包括 __(33)__ 。

(33) A. 项目进度模型   B. 计量单位   C. 准确度   D. WBS 词典

● 下列说法不正确的是 __(34)__ 。

(34) A. 定义活动是识别和记录为完成项目可交付成果而需采取的具体行动的过程

      B. 排列活动顺序的主要作用是作为对项目工作进行进度估算、规划、执行、监督和控制的基础

      C. 定义活动过程的主要输入为项目管理计划，主要工具与技术为分解和滚动式规划，主要输出为活动清单、活动属性和里程碑清单

      D. 排列活动顺序过程的主要输入为项目管理计划和项目文件，主要工具与技术包括紧前关系 绘图法、箭线图法、提前量和滞后量，主要输出为项目进度网络图

● 下列说法不正确的是 __(35)__ 。

(35) A. 资源平滑不会改变项目的关键路径

      B. 资源平衡往往导致关键路径改变

      C. 快速跟进只适用于能够通过并行活动来缩短关键路径上的项目工期的情况

      D. 赶工适用于不缩减项目范围的前提下，缩短或加快进度工期的项目

● 实施定性风险分析，项目文件更新不包括 __(36)__ 。

(36) A. 假设日志   B. 变更日志   C. 问题日志   D. 风险报告

● 识别风险过程中采用 __(37)__ 可以将内部产生的风险包含在内，从而拓宽识别风险的范围。

(37) A. 根本原因分析   B. SWOT 分析

　　C．文件分析　　　　　　　　　　D．假设条件和制约因素分析

● ＿＿（38）把组织数据可视化，用业务语言加以描述，不依赖任何特定技术。

（38）A．质量控制图　　B．思维导图　　C．逻辑数据模型　D．质量核对单

● 风险被一名或多名干系人认为要紧的程度是风险特征中的＿＿（39）。

（39）A．密切度　　　　B．邻近性　　　C．紧迫性　　　　D．连通性

● 如果工作性质清楚，但工作量不是很清楚，而且工作不复杂，又需要快速签订合同，则使用＿＿（40）。

（40）A．总价合同　　　B．总承包合同　　C．订购单　　　D．工料合同

● ＿＿（41）过程的主要作用是确定是否从项目外部获取货物和服务，如果是，则还要确定将在什么时间、以什么方式获取什么货物和服务。

（41）A．规划采购管理　B．实施采购管理　　C．控制采购　　　D．结束采购

● 指导与管理项目工作过程的主要输出不包括＿＿（42）。

（42）A．可交付成果　　B．问题日志　　　C．工作绩效报告　D．变更请求

● ＿＿（43）在行列交叉的位置展示因素、原因和目标之间的关系强弱。

（43）A．亲和图　　　　B．矩阵图　　　　C．流程图　　　　D．散点图

● ＿＿（44）主要输出为物质资源分配单、项目团队派工单和资源日历。

（44）A．估算活动资源　B．获取资源　　　C．规划资源管理　D．资源控制

● 冲突是指双方或多方的意见或行动不一致，例如某人想要把某种职权完全归属于自己，这个冲突处于＿＿（45）。

（45）A．潜伏阶段　　　B．感知阶段　　　C．呈现阶段　　　D．感受阶段

● 管理沟通的输入不包括＿＿（46）。

（46）A．项目报告　　　B．项目文件　　　C．项目管理计划　D．事业环境因素

● ＿＿（47）作为整体项目风险的责任人，必须根据规划风险应对过程的结果，组织所需的资源，采取已商定的应对策略和措施处理整体项目风险，使整体项目风险保持在合理水平。

（47）A．发起人　　　　B．职能经理　　　C．项目经理　　　D．项目团队成员

● 采购的形式不包括＿＿（48）。

（48）A．直接采购　　　B．公开招标　　　C．邀请招标　　　D．竞争招标

● ＿＿（49）是与干系人进行沟通和协作以满足其需求与期望、处理问题，并促进干系人合理参与的过程。

（49）A．管理沟通　　　B．管理干系人参与　C．监督沟通　　　D．控制干系人参与

● ＿＿（50）不是控制质量的输入。

（50）A．工作绩效数据　　　　　　　　B．批准的变更请求

　　C．质量测量指标　　　　　　　　D．核实的可交付成果

● 在范围确认过程中，已经识别了范围确认需要哪些投入，其下一步是＿＿（51）。

（51）A．确定需要进行范围确认的时间　B．确定范围确认会议的组织步骤

　　C．确定范围正式被接受的标准和要素　D．确定需要进行范围确认的资金

● 一个软件研发项目使用迭代开发，共计进行 3 次迭代，每次迭代的工作分解均为：需求分析—

代码编写—测试验证。该项目的活动关系表如下：

活动描述	活动	持续时间/天	紧前活动
项目整体设计和迭代计划	A	3	
迭代1——需求分析	B	5	A
迭代1——代码编写	C	15	B
迭代1——测试验证	D	5	C
迭代2——需求分析	E	3	B
迭代2——代码编写	F	12	C、E
迭代2——测试验证	G	7	D、F
迭代3——需求分析	H	3	E
迭代3——代码编写	I	5	F、H
迭代3——测试验证	J	7	G、I
系统验证和发布	K	7	J

则该项目的工期为 __(52)__ 天，在迭代3需求分析时，用户提出需求变更，导致迭代3的代码编写的持续时间增加了7天，其他活动持续时间不变，则项目整体持续时间将增加 __(53)__ 天。

(52) A. 54　　　　　　B. 56　　　　　　C. 58　　　　　　D. 60

(53) A. 0　　　　　　B. 1　　　　　　C. 3　　　　　　D. 5

● 项目经理在进行预算方案编制时，收集到的基础数据如下：工作包的成本估算为 50 万元；工作包的应急储备金为 7 万元；管理储备金为 3 万元。该项目的成本基准是 __(54)__ 万元。

(54) A. 50　　　　　　B. 53　　　　　　C. 57　　　　　　D. 60

● 项目经理在做软件项目成本估算时，先考虑了最不利的情况，估算出项目成本为 120 元/（人·日），又考虑了最有利的情况下项目成本为 66 元/（人·日），最后考虑一般情况下的项目成本可能为 75 元/（人·日），该项目最终的成本估算应为 __(55)__ 元/（人·日）。

(55) A. 91　　　　　　B. 81　　　　　　C. 74　　　　　　D. 75

● __(56)__ 不是控制资源的输出。

(56) A. 工作绩效信息　　B. 变更请求　　　C. 范围基准　　　D. 假设日志

● __(57)__ 不是监督沟通过程输入的主要项目文件。

(57) A. 变更日志　　　　B. 问题日志　　　C. 项目沟通记录　　D. 经验教训登记册

● 适用于监督干系人参与过程的人际关系技能中，需要强有力的 __(58)__ 技能，以传递愿景并激励干系人支持项目工作和成果。

(58) A. 管理　　　　　　B. 沟通　　　　　C. 影响　　　　　D. 领导

● __(59)__ 是以电子方式收集信息并生成描述状态的图表，允许对数据进行深入分析，用于提供高层级的概要信息，对于超出既定临界值的任何度量指标，辅助使用文本进行解释。

(59) A. 大型可见图表　B. 燃烧图　　　　　C. 任务板　　　　D. 仪表盘

- ___(60)___ 不是控制采购的输入。

  (60) A. 协议　　　　　B. 变更请求　　　　C. 采购文档　　　　D. 需求管理计划

- ___(61)___ 不是实施整体变更控制的决策技术。

  (61) A. 投票　　　　　　　　　　　B. 相对多数原则

  　　　C. 独裁型决策制定　　　　　　D. 多标准决策分析

- ___(62)___ 是关闭项目合同协议或项目阶段合同协议所必须开展的活动。

  (62) A. 收集项目或阶段记录　　　　B. 管理知识分享和传递

  　　　C. 最终处置未决索赔　　　　　D. 文档管理制度

- 关于项目验收，下列说法不正确的是___(63)___。

  (63) A. 系统集成项目在验收阶段主要包含以下四方面的工作内容，分别是验收测试、系统试运行、系统文档验收以及项目终验

  　　　B. 项目验收工作完成正式的验收报告，需参与验收的各方对验收结论进行签字确认

  　　　C. 项目的正式验收包括验收项目产品、文档及已经完成的交付成果

  　　　D. 验收测试工作由第三方公司进行，并出示测试报告

- 信息系统的信息分类中，产品信息属于___(64)___。

  (64) A. 业务信息　　　B. 用户信息　　　C. 经营管理信息　　D. 系统运行信息

- 关于配置管理，下列说法错误的是___(65)___。

  (65) A. 配置管理包含配置库的建立和配置管理数据库准确性的维护，以支持信息系统项目的正常运行

  　　　B. 所有配置项的操作权限应由配置管理员严格管理，基本原则是：基线配置项向项目经理、CCB 及相关人员开放读取的权限；非基线配置项向开发人员开放

  　　　C. 基线通常对应于项目过程中的里程碑，一个项目可以有多条基线，也可以只有一条基线

  　　　D. 配置库的建库模式有按配置项类型建库和按开发任务建库

- 配置控制即配置项和基线的变更控制，其中在变更实施中___(66)___组织修改相关的配置项，并在相应的文档、程序代码或配置管理数据中记录变更信息。

  (66) A. 项目经理　　　B. 配置管理员　　　C. 配置管理负责人　D. 配置控制委员会

- 在变更管理中，变更经理的职责包括___(67)___。

  (67) A. 负责审查、评价、批准、推迟或否决项目变更

  　　　B. 变更实施完成之后的回顾和关闭

  　　　C. 负责按照变更计划实施具体的变更任务

  　　　D. 在紧急变更时，可以对被授权者行使审批权限

- 信息系统工程监理的技术参考模型不包括___(68)___。

  (68) A. 监理对象　　　　　　　　　B. 监理支撑要素

  　　　C. 监理内容　　　　　　　　　D. 法律法规和标准规范

- ___(69)___ 是在关键部位或关键工序施工过程中，由监理人员在现场进行的监督或见证活动。

  (69) A. 监理例会　　　B. 签认　　　　C. 旁站　　　　D. 现场

- 项目管理工程师的权力不包括 （70） 。

  （70）A．组织项目团队

  B．建设高效项目团队

  C．组织制订信息系统项目计划，协调管理信息系统项目相关的人力、设备等资源

  D．协调信息系统项目内外部关系，受委托签署有关合同、协议或其他文件

- Data value is the stage that starts from （71） , goes through data assetization, data capitalization, and realizes data value.

  （71）A．data intelligence　　　　　B．data resource utilization

  　　　C．data security　　　　　　　D．data industrialization

- On the basis of （72） , network security situational awareness integrates data, extracts features, and applies a series of situational assessment algorithms to generate the overall situation of the network.

  （72）A．security application software　　B．security infrastructure

  　　　C．secure network environment　　D．secure big data

- In the feasibility report, whether there is a shortage of human resources and whether the required personnel can be obtained through social recruitment or training belong to the content of （73） .

  （73）A．technical feasibility analysis　　B．economic feasibility issues

  　　　C．feasibility analysis of social benefits　　D．feasibility analysis of operating environment

- （74） is used to confirm the successful completion of project deliverables.

  （74）A．Business Requirements　　　B．Solution Requirements

  　　　C．Quality Requirements　　　　D．Excessive and Ready Requirements

- In data analysis techniques for controlling progress, （75） can determine whether performance is improving or deteriorating by examining the changes in project performance over time.

  （75）A．reserve analysis　　　　　　B．Monte Carlo analysis

  　　　C．trend analysis　　　　　　　D．hypothesis scenario analysis

系统集成项目管理工程师机考试卷 第1套
应用技术

试题一（18分）

阅读下列说明，回答【问题1】至【问题4】，将解答填入答题区的对应位置。

某科技公司成功中标了某大型企业的数据管理系统开发项目。由于公司在该领域有丰富的经验，项目经理决定利用这些经验为项目制订详细的质量管理计划。公司内部的配置管理员小李被选中负责此次项目的质量管理工作。

小李首先梳理了公司过往类似项目的文档，并结合此次项目的特点，制订了一套全面而严谨的质量管理计划。他特别强调了需求确认和变更管理的重要性，并在计划中明确规定了与客户进行需求确认和变更管理的流程。

项目执行过程中，小李严格按照质量管理计划进行工作，并定期组织团队成员进行质量培训，确保每个成员都清楚自己的质量责任。他还使用多种工具和方法进行质量监控，如质量检查表、流程图等，确保项目的各个环节都符合预期的质量标准。

在项目试运行阶段，客户突然提出了一些需求变更。小李立即与客户进行了沟通，并按照之前制定的需求变更管理流程，与客户签订了需求变更确认文件。随后，项目组根据新的需求进行了调整，并重新进行了测试。

在确认系统满足新的需求并经过测试合格后，小李向客户提交了验收申请。客户根据合同和之前的沟通，认为项目已经达到了验收标准，顺利通过了验收。

【问题1】（6分）
结合案例，请指出本项目质量管理过程中存在的问题。

【问题2】（6分）
请简述管理质量过程的数据表现技术。

【问题3】（4分）
基于案例，请判断以下描述是否正确（填写在答题区对应位置，正确的选项填写"√"，错误的选项填写"×"）。

（1）规划质量管理过程的主要作用是在整个项目期间为如何管理和核实质量提供指南和方向，本过程仅开展一次或仅在项目的预定义点开展。   （　）

（2）过程分析是一种结构化工具，通过具体列出各检查项来核实一系列步骤是否已经执行，确保在质量控制过程中规范地执行经常性任务。   （　）

（3）流程图展示了引发缺陷的一系列步骤，用于完整地分析某个或某类质量问题产生的全过程。   （　）

（4）在瀑布或预测型项目中，控制质量活动可能由所有团队成员在整个项目生命周期中执行。（　　）

【问题 4】（2 分）

请将下面①～②处的答案填写在答题区的对应位置。

（1）　　①　　用于合理排列各种事项，以便有效地收集关于潜在质量问题的有用数据。

（2）　　②　　的目的是找出产品或服务中存在的错误、缺陷、漏洞或其他不合规问题。

试题二（20 分）

阅读下列说明，回答【问题 1】至【问题 3】，将解答填入答题区的对应位置。

某项目由 A、B、C、D、E、F、G、H 活动模块组成，下表给出了各活动之间的依赖关系。

活动	紧前活动	正常情况		赶工情况	
		工期/周	成本/（万元/周）	工期/周	成本/（万元/周）
A	—	2	10	1	30
B	A	7	40	5	60
C	A	3	6	2	20
D	A	4	10	3	15
E	C、D	3	15	2	20
F	F	1	25	—	—
G	F	1	30	—	—
H	B、E、G	2	20	1	40

【问题 1】（6 分）

画出该项目的双代号网络图。

【问题 2】（4 分）

（1）请写出项目关键路径，并计算项目工期。

（2）在保障不会影响项目总工期的情况下，活动 E 最多能拖延多少周？活动 G 的自由时差是多少？

【问题 3】（10 分）

（1）假设项目需提前 2 周完成，求压缩的活动及其天数，并计算此时项目增加的最低成本和项目预算。（6 分）

（2）在提前 2 周完成的情况下，项目执行完第 4 周时，项目实际支出 60 万元，活动 A、B、C 已经全部完成，此时活动 D 还需要一周才能够结束，计算此时项目的 PV、EV、CPI 和 SPI（假设各活动的成本按时间均匀分配）。（4 分）

试题三（20分）

阅读下列说明，回答【问题1】至【问题4】，将解答填入答题区的对应位置。

小唐作为项目经理，负责医院信息系统集成项目。该项目预计耗时12个月，预算为500万元。项目团队由20名成员组成，其中包括项目经理、开发人员、测试人员、质量分析师等。在项目执行过程中，项目经理需要密切监控项目的进展、实施整体变更控制以及范围确认。

场景1：监控项目工作。

在项目执行过程中，小唐定期召开项目进展会议，相关干系人通过项目管理软件跟踪项目的进度、成本和质量。他发现采集端的开发进度滞后于预期，部分功能模块未能按时完成。小唐与团队成员进行沟通，分析进度滞后的原因，并制订赶工计划。同时，他增加了资源投入，并对团队成员进行了技能提升培训，以确保项目能够按计划推进。

场景2：实施整体变更控制。

在项目执行过程中，院方提出新增一项功能需求，要求系统能够实现对特定病种的实时追踪。这是一个范围变更请求。小唐首先评估了这项变更对项目的影响，包括成本、时间和资源等方面。在得到高层支持后，他更新了项目管理计划及相关文件，并通知所有相关干系人。同时，他确保变更请求得到了正式记录、评估、批准和执行，以维护项目的整体利益。

场景3：范围确认。

随着项目的深入进行，医院方面对系统的功能和性能提出了更高的要求。为了确保项目的输出符合院方的期望，小唐需要与医院方面进行定期或不定期的范围确认工作。他计划制订一个详细的范围确认的工作计划，明确范围确认的标准、方法和流程。在范围确认之前，首先做好了质量控制工作，然后再组织范围确认会议，邀请双方代表参加，对项目的范围进行逐一核对和确认。

通过控制过程组的实施，小唐成功地对医院信息系统集成项目进行了有效地监控和管理。他及时发现了问题并采取了相应的纠正措施，确保了项目的顺利进行和目标的达成。同时，他也学到了宝贵的项目管理经验，为未来的工作打下了坚实的基础。

【问题1】（6分）
结合案例，请指出本项目3个场景中做得好的地方。

【问题2】（4分）
简述变更管理的工作程序。

【问题3】（6分）
简述干系人在进行范围确认时需要检查的问题有哪些。

【问题4】（4分）
从候选答案中选择4个正确选项，将该选项编号填入答题区对应位置（所选答案超过4个得0分）。
确认范围的输出有（　　）。

A．项目管理计划更新　　　　　　　B．核实的可交付成果
C．工作绩效数据　　　　　　　　　D．工作绩效信息
E．变更请求　　　　　　　　　　　F．核实的变更请求
G．项目文件更新

试题四（17 分）

阅读下列说明，回答【问题1】至【问题3】，将解答填入答题区的对应位置。

随着市场竞争的日益激烈，某电子商务公司决定上线全新的平台，以提供更加便捷、个性化的购物体验。新平台涉及的技术架构、用户界面设计、后端数据处理等多个方面均较为复杂，因此风险管理成为了项目成功的关键。

在项目启动阶段，项目团队进行了全面的风险识别。通过头脑风暴、专家咨询等方式，识别出了可能对项目造成影响的风险点，如技术风险、安全风险、人员风险、新技术应用等。

团队对识别出的风险进行了定性和量化评估。利用风险评估矩阵，对每个风险的发生概率和影响程度进行了打分，从而确定了风险优先级。

针对评估结果，团队制定了相应的风险应对措施如下表：

序号	风险类别	风险描述	措施
1	技术风险	技术实现难度	决定引入外部专家进行咨询和指导
2	安全风险	数据安全问题	团队加强了数据加密措施，并定期进行安全漏洞扫描和修复
3	技术风险	自主研发的软件可能存在不稳定或未知 bug	准备应急修复计划以应对可能出现的 bug
4	管理风险	非预期事件造成成本增加的风险	项目初期，增加应急储备
5	技术风险	新技术的应用	把组织中最有能力的资源分配给项目
6	管理风险	供应链问题导致硬件到货延迟	与供应商建立紧密的沟通机制，确保硬件按时到货
7	人员风险	客户内部人员配合度不高，可能影响项目推进	在项目初期与客户进行深入沟通，明确双方职责与期望；建立定期沟通机制，及时解决合作中出现的问题
8	管理风险	审批流程烦琐	加强部门沟通，建立协调配合机制

在项目执行过程中，团队定期监控风险状况，并根据实际情况调整应对策略。通过定期的风险评估会议，确保项目团队对风险保持高度敏感和应对能力。

经过项目团队的努力，新平台成功上线，并且运行稳定。通过有效的风险管理，团队成功应对了多个潜在风险，确保了项目的顺利进行。同时，用户对新平台的接受度也较高，为公司带来了良好的市场反响和经济效益。

【问题1】（8 分）

结合案例，请指出本项目风险应对措施分别采用的是哪种风险应对策略。

【问题2】（4 分）

该电子商务公司在新上线的平台上销售一种商品，投入 60 万元，50%的概率能收入 100 万元，20%的概率能收入 300 万元，15%的概率能收入 250 万元，10%的概率不赚不赔，5%的概率亏损 600 万元。投资这项资产的预期货币价值为多少万元？

【问题 3】（5 分）

1. 风险按__(1)__性可以分为已知风险、可预测风险和不可预测风险。为了预防原材料价格波动，提前准备了一批原材料，结果原材料价格出现了下跌。该风险属于__(2)__。

2. 风险登记册包括的内容：识别风险的清单、__(3)__、潜在风险应对措施清单。

3. 单个项目风险可以用__(4)__表示，也可以作为概率分支包括在定量分析模型中，在概率分支上添加风险发生的时间和（或）成本影响。

4. __(5)__可用于评估风险管理过程的有效性。

系统集成项目管理工程师机考试卷 第1套
基础知识参考答案/试题解析

（1）**参考答案**：B

试题解析 信息系统是由相互联系、相互依赖、相互作用的事物或过程组成的具有整体功能和综合行为的统一体。信息系统的特点：面向管理、支持生产。信息系统是管理模型、信息处理模型和系统实现条件的结合。

（2）**参考答案**：A

试题解析 新型基础设施是以新发展理念为引领，以技术创新为驱动，以信息网络为基础，面向高质量发展需要，提供数字转型、智能升级、融合创新等服务的基础设施体系。目前，新型基础设施主要包括信息基础设施、融合基础设施、创新基础设施。

信息基础设施主要指基于新一代信息技术演化生成的基础设施，包括：①以5G、物联网、工业互联网、卫星互联网为代表的通信网络基础设施；②以人工智能、云计算、区块链等为代表的新技术基础设施；③以数据中心、智能计算中心为代表的算力基础设施等。信息基础设施凸显"技术新"。

融合基础设施主要指深度应用互联网、大数据、人工智能等技术，支撑传统基础设施转型升级，进而形成的融合基础设施。融合基础设施包括智能交通基础设施和智慧能源基础设施等。融合基础设施重在"应用新"。

创新基础设施主要指支撑科学研究、技术开发、产品研制的具有公益属性的基础设施。创新基础设施包括重大科技基础设施、科教基础设施、产业技术创新基础设施等。创新基础设施强调"平台新"。

（3）**参考答案**：C

试题解析 围绕数字赋能农业农村现代化建设，重点将围绕建设基础设施、发展智慧农业和建设数字乡村等方面。

（4）**参考答案**：D

试题解析 组织能力数字化转型及持续迭代参考模型（CPSD模型）的框架如下：

信息物理世界建设：针对能力因子中的各类对象，实施数字孪生建设，并在此基础上加入该因子与其他因子之间的配置关系。组织可以通过该项活动实现能力因子相关数据挖掘与数据开发利用，从而发现新的技术和逻辑，提升各项工作效率。

决策能力边际化部署：是指处置执行层面的装置和人员能够基于决策算法模型等，敏捷获得更高的决策能力（权），达到敏捷响应的效果。组织可以通过该项活动实现决策权融合与调制，达到装备智能化和提高决策效能的价值效果。

科学物理赛博机制构筑：是在CPS的基础上，汇聚组织内能力因子的环境因素力量（或组织维度的外部社会力量），建设高密度数据框架，参照社会运行原理，封装、解构和重构各能力因子协同关系。组织可以通过该项活动实现对各能力因子的灵活组合机制，形成能够面对各类需求的动态调度能力。

数字框架与信息调制设计：组织能力因子的数字密度越高，对其可控性就越高，对应的安全可靠性也越高。组织通过优化能力因子的数字框架模型，提升数据采集获取的精准度和及时性，能够有效地提升组织对能力因子的应急与动员能力，从而具备更加可靠的已知风险管控能力和未知风险的应对能力。

（5）参考答案：A

🖋试题解析　网桥（可看作是只有两个端口的交换机）的主要功能是根据帧中所携带的物理地址进行网络之间的信息转发，可缓解网络通信繁忙度，提高效率。路由器的主要功能是通过逻辑地址进行网络之间的信息转发，可完成不同网络之间的互联互通。中继器的主要功能是对接收的信号进行再生和发送，只起到扩展传输距离的作用，其对高层协议是透明的，但使用个数有限（例如，在以太网中最多只能使用 4 个）。集线器的主要功能是多端口中继器。

（6）参考答案：B

🖋试题解析　CIA 三要素是保密性（Confidentiality）、完整性（Integrity）和可用性（Availability）。数据安全本质上是一种静态的安全，而行为安全是一种动态安全。数据安全属性包括保密性、完整性和可用性。

（7）参考答案：C

🖋试题解析　深度学习是通过多等级的特征和变量来预测结果的神经网络模型，得益于当前计算机架构更快的处理速度，这类模型有能力应对成千上万个特征。自然语言处理和专家系统都是人工智能的应用，而深度学习和强化学习是人工智能的技术，强化学习不依赖于特征和变量（即标记），而是通过与环境互动获得反馈。

（8）参考答案：D

🖋试题解析　IT 服务生命周期由四个阶段组成，分别是战略规划（Strategy & planning）、设计实现（Design & implementation）、运营提升（Operation & promotion）、退役终止（Retirement & termination），简称 SDOR。

（9）参考答案：B

🖋试题解析　IT 服务的产业化进程分为产品服务化、服务标准化和服务产品化三个阶段。其中服务标准化的特征主要包括以下几方面：建立了标准的过程、实施规范以及相关制度；具有明确的有形化产出物描述及相关模板；实施服务的过程有记录，此记录可进行追溯且可审计；建立了完善的服务质量考核指标体系。

（10）参考答案：D

🖋试题解析　信息系统体系架构总体参考框架由四个部分组成，分别是战略系统、业务系统、应用系统和信息基础设施。

（11）参考答案：B

🖋试题解析　常用的应用架构规划与设计的基本原则：业务适配性原则、应用聚合化原则、功能专业化原则、风险最小化原则和资产复用化原则。

（12）**参考答案**：A

🖋**试题解析** <u>双核心广域网模型</u>的主要特征是核心路由设备通常采用三层及以上交换机。

（13）**参考答案**：C

🖋**试题解析** 结构化分析（Structured Analysis，SA）方法给出一组帮助系统分析人员产生功能规约的原理与技术，其建立模型的核心是数据字典。围绕这个核心，有 3 个层次的模型，分别是数据模型、功能模型和行为模型（也称为状态模型）。

在实际工作中，一般使用实体联系图（E-R 图）表示数据模型，用数据流图（Data Flow Diagram，DFD）表示功能模型，用<u>状态转换图（State Transform Diagram，STD）表示行为模型</u>。

<u>E-R 图主要描述实体、属性，以及实体之间的关系</u>；DFD 从数据传递和加工的角度，利用图形符号通过逐层细分描述系统内各个部件的功能和数据在它们之间传递的情况来说明系统所完成的功能；STD 通过描述系统的状态和引起系统状态转换的事件，来表示系统的行为，指出作为特定事件的结果将执行哪些动作。

（14）**参考答案**：B

🖋**试题解析** <u>部署图描述对运行时的处理节点及在其中生存的构件的配置</u>。构件图描述一个封装的类和它的接口，以及由内嵌的构件和连接件构成的内部结构。顺序图是一种交互图，它强调消息的时间次序，由一组对象或参与者以及它们之间可能发送的消息构成，交互图专注于系统的动态视图。状态图描述一个实体基于事件反应的动态行为，显示了该实体如何根据当前所处的状态对不同的事件做出反应，由状态、转移、事件、活动和动作组成。

（15）**参考答案**：A

🖋**试题解析** 通常来说，<u>数据建模的过程包括数据需求分析、概念模型设计、逻辑模型设计和物理模型设计</u>。

（16）**参考答案**：C

🖋**试题解析** Web Services 技术是一个面向访问的分布式计算模型，是实现 Web 数据和信息集成的有效机制。它的本质是用一种标准化方式实现不同服务系统之间的互调或集成。它基于 XML、SOAP（简单对象访问协议）、WSDL（服务描述语言）和 UDDI（统一描述、发现和集成协议规范）等协议，开发、发布、发现和调用跨平台、跨系统的各种分布式应用。

<u>WSDL：一种基于 XML 格式的关于 Web 服务的描述语言</u>，主要目的在于 Web Services 的提供者将自己 Web 服务的所有相关内容（如所提供的服务的传输方式、服务方法接口、接口参数、服务路径等）生成相应的文档，发布给使用者。

SOAP：消息传递的协议。它规定了 Web Services 之间是怎样传递信息的。简单地说，SOAP 规定了：①传递信息的格式为 XML，这就使 Web Services 能够在任何平台上，用任何语言进行实现；②远程对象方法调用的格式，规定了怎样表示被调用对象以及调用的方法名称和参数类型等；③参数类型和 XML 格式之间的映射，这是因为，被调用的方法有时候需要传递一个复杂的参数，怎样用 XML 来表示一个对象参数也是 SOAP 所定义的范围；④异常处理以及其他的相关信息。

UDDI：一种创建注册服务的规范。简单地说，UDDI 用于集中存放和查找 WSDL 描述文件，起着目录服务器的作用，以便服务提供者注册发布 Web Services，供使用者查找。

（17）**参考答案**：D

　　🖋**试题解析**　计算机网络集成的一般体系框架通常包括<u>网络传输子系统、交换子系统、网管子系统和安全子系统</u>等。

　　（18）**参考答案**：C

　　🖋**试题解析**　CORBA 具有以下功能：对象请求代理、对象服务、公共功能、域接口、应用接口。

　　（19）**参考答案**：B

　　🖋**试题解析**　信息安全管理涉及信息系统治理、管理、运行、退役等各个方面，其管理内容往往与组织治理与管理水平以及信息系统在组织中的作用与价值等相关，在 <u>ISO/IEC 27000 系列标准中，给出了组织、人员、物理和技术方面的控制参考</u>，这些控制参考是组织策划、实施、监测和信息安全管理的主要内容。

　　（20）**参考答案**：A

　　🖋**试题解析**　《信息安全技术　网络安全等级保护基本要求》（GB/T 22239）规定了不同级别的等级保护对象应具备的基本安全保护能力。

　　第一级安全保护能力：应能够防护免受来自个人的、拥有很少资源的威胁源发起的恶意攻击、一般的自然灾难，及其他相当危害程度的威胁所造成的关键资源损害，<u>在自身遭到损害后，能够恢复部分功能</u>。

　　第二级安全保护能力：应能够防护免受来自外部小型组织的、拥有少量资源的威胁源发起的恶意攻击、一般的自然灾难，以及其他相当危害程度的威胁所造成的重要资源损害，能够发现重要的安全漏洞和处置安全事件，在自身遭到损害后，<u>能够在一段时间内恢复部分功能</u>。

　　第三级安全保护能力：应能够在统一安全策略下防护免受来自外部有组织的团体、拥有较为丰富资源的威胁源发起的恶意攻击、较为严重的自然灾难，以及其他相当程度的威胁所造成的主要资源损害，能够及时发现、监测攻击行为和处置安全事件，在自身遭到损害后，<u>能够较快恢复绝大部分功能</u>。

　　第四级安全保护能力：应能够在统一安全策略下防护免受来自国家级别的、敌对组织的、拥有丰富资源的威胁源发起的恶意攻击、严重的自然灾难，以及其他相当危害程度的威胁所造成的资源损害，能够及时发现、监测攻击行为和处置安全事件，在自身遭到损害后，<u>能够迅速恢复所有功能</u>。

　　第五级安全保护能力：略。

　　（21）**参考答案**：C

　　🖋**试题解析**　项目是为达到特定的目的，使用一定资源，在确定的期间内，为特定发起人而提供独特的产品、服务或成果而进行的一次性努力。与公司日常的、例行公事般的运营工作不同，项目具有非常明显的特点：临时性、独特性和渐进明细。

　　运营也叫日常业务，它是一个组织内重复发生的或者说经常性的事务，通常由组织内的一个业务部门来负责。<u>项目和运营的主要区别在于：运营是具有连续性和重复性的，而项目则是临时性的和独特的</u>。值得关注的是，项目中有些过程也具有重复的特性，但此处过程的重复特性是从属于项目的，不同于日复一日的重复性日常工作。

　　<u>C 选项中某饭店清洁人员定期清洁餐桌的服务，是一个日常业务，是一个连续性和重复性的活动，属于运营活动</u>。

（22）参考答案：B

🖱试题解析　项目集管理注重项目集组成部分之间的依赖关系，以确定管理这些项目的最佳方法。

（23）参考答案：A

🖱试题解析　在过程、政策和程序方面需要重点关注启动和规划、执行和监控以及收尾等阶段。其中启动和规划阶段需要关注的内容包括：①指南和标准，用于裁剪组织标准流程和程序以满足项目的特定要求；②特定的组织标准，例如政策（人力资源政策、健康与安全政策、安保与保密政策、质量政策、采购政策和环境政策等）；③产品和项目生命周期，以及方法和程序（如项目管理方法、评估指标、过程审计、改进目标、核对单、组织内使用的标准化的过程定义）；④模板（如项目管理计划模板、项目文件模板等）；⑤预先批准的供应商清单和各种合同协议类型（如总价合同、成本补偿合同和工料合同）。

（24）参考答案：D

🖱试题解析　产品管理可以表现为如下三种不同的形式。

产品生命周期中包含项目集管理：这种形式中，产品生命周期中包括相关项目、子项目集和项目集活动。对于规模很大或长期运作的产品，一个或多个产品生命周期阶段可能非常复杂，因此值得需要一系列协同运作的项目集和项目。

产品生命周期中包含单个项目管理：这种形式中，将产品作为某个单个项目的目标来进行管理，将产品功能的开发到成熟作为持续的业务活动进行监督。

项目集内的产品管理：在这种形式中，会在给定项目集的范围内应用完整的产品生命周期。为了获得产品的特定收益，项目集内也可以特许设立一系列子项目集或项目。

（25）参考答案：D

🖱试题解析　预测型生命周期又称为瀑布型生命周期（也包括后续的V模型）。预测型生命周期在生命周期的早期阶段确定项目范围、时间和成本，每个阶段只进行一次，每个阶段都侧重于某一特定类型的工作。这类项目会受益于前期的周详规划，但变更会导致某些阶段重复进行。本模式适用于已经充分了解并明确确定需求的项目。

采用迭代型生命周期的项目范围通常在项目生命周期的早期确定，但时间及成本会随着项目团队对产品理解的不断深入而定期修改。本模型适用于复杂、目标和范围不断变化，干系人的需求需要经过与团队的多次互动、修改、补充、完善后才能满足的项目。

采用增量型生命周期的项目通过在预定的时间区间内渐进增加产品功能的一系列迭代来产出可交付成果。本模型适用于项目需求和范围难以确定，最终的产品、服务或成果将经历多次较小增量改进最终满足要求的项目。

采用适应型开发方法的项目又称敏捷型或变更驱动型项目。适应型项目生命周期的特点是先基于初始需求制订一套高层级计划，再逐渐把需求细化到适合特定规划周期所需的详细程度。适合于需求不确定，不断发展变化的项目。

混合型生命周期是预测型生命周期和适应型生命周期的组合。

（26）参考答案：A

🖱试题解析　项目立项管理一般包括项目建议与立项申请、项目可行性研究、项目评估与决策。

（27）**参考答案：C**

试题解析 项目评估的依据主要包括：①项目建议书及其批准文件；②项目可行性研究报告；③报送组织的申请报告及主管部门的初审意见；④项目关键建设条件和工程等的协议文件；⑤必需的其他文件和资料等。

（28）**参考答案：A**

试题解析 项目管理原则用于指导项目参与者的行为，这些原则可以帮助参与项目的组织和个人在项目执行过程中保持一致性。项目管理原则包括：①勤勉、尊重和关心他人；②营造协作的项目团队环境；③促进干系人有效参与；④聚焦于价值；⑤识别、评估和响应系统交互；⑥展现领导力行为；⑦根据环境进行裁剪；⑧将质量融入到过程和成果中；⑨驾驭复杂性；⑩优化风险应对；⑪拥抱适应性和韧性；⑫为实现目标而驱动变革。

原则①的关键点：项目管理者要遵守内部和外部准则，同时应该以负责任的方式行事，以正直、关心和可信的态度开展活动，并对其所负责的项目的财务、社会和环境影响做出承诺。

（29）**参考答案：B**

试题解析 制定项目章程是编写一份正式批准项目并授权项目经理在项目活动中使用组织资源的文件的过程。本过程的主要作用：一是明确项目与组织战略目标之间的直接联系；二是确立项目的正式地位；三是展示组织对项目的承诺。本过程仅开展一次或仅在项目的预定义时开展。

项目章程由项目以外的机构来发布，如发起人、项目集或项目管理办公室（PMO）、项目组合治理委员会主席或其授权代表。

项目章程授权项目经理进行项目管理过程中的规划、执行和控制，同时还授权项目经理在项目活动中使用组织资源，因此，应在规划开始之前任命项目经理，项目经理越早确认并任命越好，最好在制定项目章程时就任命。项目章程可由发起人编制，也可由项目经理与发起机构合作编制。通过这种合作，项目经理可以更好地了解项目目的、目标和预期收益，以便更有效地分配项目资源。项目章程一旦被批准，就标志着项目的正式启动。

（30）**参考答案：D**

试题解析 根据干系人对项目工作或项目团队本身的影响方向，可以把干系人分为：①向上——执行组织或客户组织、发起人和指导委员会的高级管理层；②向下——临时贡献知识或技能的团队或专家；③向外——项目团队外的干系人群体及其代表，如供应商、政府机构、公众、最终用户和监管部门；④横向——项目经理的同级人员，如其他项目经理或中层管理人员，他们与项目经理竞争稀缺项目资源或者合作共享资源或信息。

（31）**参考答案：C**

试题解析 需求管理计划是项目管理计划的组成部分，描述将如何分析、记录和管理项目和产品的需求。需求管理计划的主要内容包括：如何规划、跟踪和报告各种需求活动；配置管理活动。例如，如何启动变更，如何分析其影响，如何进行追溯、跟踪和报告，以及变更审批权限；需求优先级排序过程；测量指标及使用这些指标的理由；反映哪些需求属性将被列入跟踪矩阵等。

（32）**参考答案：B**

试题解析 问卷调查通过设计一系列书面问题，向众多受访者快速收集信息。问卷调查方法非常适用于受众多样化、需要快速完成调查、受访者地理位置分散，并且适合开展统计分析的情况。

访谈是通过与干系人直接交谈来获取信息的正式或非正式的方法。访谈的典型做法是向被访者提出预设和即兴的问题，并记录他们的回答。访谈经常是一个访谈者和一个被访者之间的"一对一"谈话，但也可包括多个访谈者和/或多个被访者。访谈有经验的项目参与者、发起人和其他高管及主题专家，有助于识别和定义所需产品可交付成果的特征和功能。访谈也可用于获取机密信息。

（33）参考答案：D

🖋️**试题解析** 进度管理计划的内容一般包括项目进度模型、进度计划的发布和迭代长度、准确度、计量单位、WBS、项目进度模型维护、控制临界值、绩效测量规则和报告格式等。

项目进度模型规定用于制定项目进度模型的进度规划方法论和工具。

进度计划的发布和迭代长度是指在使用适应型生命周期时，应指定发布、规划和迭代的固定时间段。固定时间段指项目团队稳定地朝着目标前进的持续时间，它可以推动团队先处理基本功能，然后在时间允许的情况下再处理其他功能，从而尽可能减少范围蔓延。

准确度定义了活动持续时间估算的可接受区间，以及允许的紧急情况储备。

计量单位需要规定每种资源的计量单位。

工作分解结构（WBS）为进度管理计划提供了框架，保证了与估算及相应进度计划的协调性。

项目进度模型维护是指需要规定在项目执行期间将如何在进度模型中更新项目状态，记录项目进展。

控制临界值是指规定的偏差临界值，用于监督进度绩效。它是在需要采取某种措施前允许出现的最大差异。临界值通常用偏离基准计划中参数的某个百分数来表示。

绩效测量规则是指规定的用于绩效测量的挣值管理规则或其他规则。

报告格式是指规定的各种进度报告的格式和编制频率。

（34）参考答案：B

🖋️**试题解析** 定义活动是识别和记录为完成项目可交付成果而需采取的具体行动的过程。本过程的主要作用是将工作包分解为进度活动，作为对项目工作进行进度估算、规划、执行、监督和控制的基础。本过程需要在整个项目期间开展。

（35）参考答案：D

🖋️**试题解析** 进度压缩技术是指在不缩减项目范围的前提下，缩短或加快进度工期，以满足进度制约因素、强制日期或其他进度目标。进度压缩技术包括赶工和快速跟进。

赶工是指通过增加资源，以最小的成本代价来压缩进度工期的一种技术。赶工的例子包括批准加班、增加额外资源或支付加急费用，据此来加快关键路径上的活动。赶工只适用于那些通过增加资源就能缩短持续时间的且位于关键路径上的活动。赶工并非总是切实可行的，因为它可能导致风险和/或成本的增加。

快速跟进是一种进度压缩技术，将正常情况下按顺序进行的活动或阶段改为至少部分并行开展。例如，在大楼的建筑图纸尚未全部完成前就开始建地基。快速跟进可能造成返工和风险增加，所以它只适用于能够通过并行活动来缩短关键路径上的项目工期的情况。若进度加快而使用提前量通常会增加相关活动之间的协调工作，并增加质量风险。快速跟进还有可能增加项目成本。

（36）参考答案：B

🖋️**试题解析** 实施定性风险分析的输出的更新的项目文件包括假设日志、问题日志、风险登记册、风险报告。

（37）参考答案：B

✎**试题解析** SWOT（Strengths，Weaknesses，Opportunities，Threats）分析会对项目的优势、劣势、机会和威胁（简称"SWOT"）进行逐个检查。在识别风险时，它会将内部产生的风险包含在内，从而拓宽识别风险的范围。其具体过程是：首先关注项目、组织或一般业务领域，识别出组织的优势和劣势；然后找出组织优势可能为项目带来的机会，组织劣势可能造成的威胁，还可以分析组织优势能在多大程度上克服威胁，组织劣势是否会妨碍机会的产生。

（38）参考答案：C

✎**试题解析** 逻辑数据模型把组织数据可视化，用业务语言加以描述，不依赖任何特定技术。逻辑数据模型可用于识别会出现数据完整性或其他问题的地方。

（39）参考答案：A

✎**试题解析** 在对单个项目风险进行优先级排序时，除概率和影响以外，项目团队还可考虑的其他风险特征包括：紧迫性——为有效应对风险而必须采取应对措施的时间段。时间短就说明紧迫性高；邻近性——风险在多长时间后会影响一项或多项项目目标；潜伏期——从风险发生到影响显现之间可能的时间段；可管理性——风险责任人（或责任组织）管理风险发生或影响的容易程度；可控性——风险责任人（或责任组织）能够控制风险后果的程度；可监测性——对风险发生或即将发生进行监测的容易程度；连通性——风险与其他单个项目风险存在关联的程度大小；战略影响力——风险对组织战略目标潜在的正面或负面影响；密切度——风险被一名或多名干系人认为要紧的程度。

（40）参考答案：D

✎**试题解析** 在项目工作中，要根据项目的实际情况和外界条件的约束来选择合同类型，具体原则为：如果工作范围很明确，且项目的设计已具备详细的细节，则使用总价合同；如果工作性质清楚，但工作量不是很清楚，而且工作不复杂，又需要快速签订合同，则使用工料合同；如果工作范围尚不清楚，则使用成本补偿合同；如果双方分担风险，则使用工料合同；如果买方承担成本风险，则使用成本补偿合同；如果卖方承担成本风险，则使用总价合同；如果是购买标准产品，且数量不大，则使用单边合同等。

（41）参考答案：A

✎**试题解析** 规划采购管理是记录项目采购决策，明确采购方法，识别潜在卖方的过程。本过程的主要作用是确定是否从项目外部获取货物和服务，如果是，则还要确定将在什么时间、以什么方式获取什么货物和服务。

（42）参考答案：C

✎**试题解析** 指导与管理项目工作过程的主要输入为：项目管理计划和项目文件；主要输出为：可交付成果、工作绩效数据、问题日志和变更请求。

（43）参考答案：B

✎**试题解析** 数据表现的工具与技术包括亲和图、因果图、流程图、直方图、矩阵图和散点图等。

亲和图用于根据其亲近关系对导致质量问题的各种原因进行归类，展示最应关注的领域。

因果图也叫鱼刺图或石川图，用来分析导致某一结果的一系列原因，有助于人们进行创造性、系统性思维，找出问题的根源。它是进行根本原因分析的常用方法。

流程图展示了引发缺陷的一系列步骤，用于完整地分析某个或某类质量问题产生的全过程。

直方图是一种显示各种问题分布情况的柱状图。每个柱子代表一个问题，柱子的高度代表问题出现的次数。直方图可以展示每个可交付成果的缺陷数量、缺陷成因的排列、各个过程的不合规次数，或项目与产品缺陷的其他表现形式。

矩阵图在行列交叉的位置展示因素、原因和目标之间的关系强弱，可用来比较因素的数量。

散点图是一种展示两个变量之间的关系的图形，它能够展示两支轴的关系，一般一支轴表示过程、环境或活动的任何要素，另一支轴表示质量缺陷。散点图一般用 X 轴表示自变量，Y 轴表示因变量，可定量地显示两个变量之间的关系，是最简单的回归分析工具。所有数据点的分布越靠近某条斜线，两个变量之间的关系就越密切。

（44）参考答案：B

🖋试题解析　获取资源过程的主要输入为项目管理计划和项目文件；主要工具与技术包括决策、人际关系与团队技能、预分派、虚拟团队；主要输出为物质资源分配单、项目团队派工单和资源日历。

（45）参考答案：D

🖋试题解析　冲突的发展划分成如下五个阶段：潜伏阶段，冲突潜伏在相关背景中，如对两个工作岗位的职权描述存在交叉；感知阶段：各方意识到可能发生冲突，如人们发现了岗位描述中的职权交叉；感受阶段：各方感受到了压力和焦虑，并想要采取行动来缓解压力和焦虑，如某人想要把某种职权完全归属于自己；呈现阶段：一方或各方采取行动，使冲突公开化，如某人采取行动行使某种职权，从而与也想要行使该职权的人产生冲突；结束阶段：冲突呈现之后，经过或长或短的时间得到解决，如该职权被明确地归属于某人。

（46）参考答案：A

🖋试题解析　管理沟通的输入有：项目管理计划（资源管理计划、沟通管理计划、干系人参与计划），项目文件（变更日志、问题日志、经验教训登记册、质量报告、风险报告、干系人登记册）、工作绩效报告、事业环境因素、组织过程资产。

（47）参考答案：C

🖋试题解析　项目经理作为整体项目风险的责任人，必须根据规划风险应对过程的结果，组织所需的资源，采取已商定的应对策略和措施处理整体项目风险，使整体项目风险保持在合理水平。

（48）参考答案：B

🖋试题解析　采购形式一般有：①直接采购——直接邀请某一家厂商报价或提交建议书，没有竞争性；②邀请招标——邀请一些厂家报价或提交建议书，具有有限竞争性；③竞争招标——公开发布招标广告，以便潜在卖方报价或提交建议书，具有很大的竞争性。

（49）参考答案：B

🖋试题解析　管理干系人参与是与干系人进行沟通和协作以满足其需求与期望、处理问题，并促进干系人合理参与的过程。本过程的主要作用是让项目经理能够提高干系人的支持，并尽可能降低干系人的抵制。

（50）参考答案：D

第1套

试题解析 控制质量的输入有：项目管理计划（质量管理计划），项目文件（经验教训登记册、<u>质量测量指标</u>、测试与评估文件）、<u>批准的变更请求</u>、可交付成果、<u>工作绩效数据</u>、事业环境因素、组织过程资产。

（51）**参考答案：C**

试题解析 确认范围的一般步骤为：确定需要进行范围确认的时间；识别范围确认需要哪些投入；<u>确定范围正式被接受的标准和要素</u>；确定范围确认会议的组织步骤；组织范围确认会议。

（52）、（53）**参考答案：B D**

试题解析 根据题意得到该项目的单代号网络图，如下图：

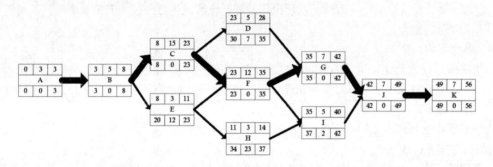

图例：

最早开始时间	工期	最早结束时间
	活动名称	
最迟开始时间	总时差	最迟结束时间

关键路径：

<u>因此关键路径是 A-B-C-F-G-J-K，工期是 56 天</u>。用户提出需求变更，导致迭代 3 的代码编写的持续时间增加了 7 天，即 I 活动的持续时间增加了 7 天，因为 I 活动有 2 天的总浮动时间(42-40=2 或者 37-35=2)，<u>所以即使 I 活动增加 7 天，对项目的整体持续时间影响也只有 5 天</u>。

（54）**参考答案：C**

试题解析 成本基准=完工预算（Budget at Completion，BAC）=工作包成本+应急储备。管理储备不在成本基准之内，管理储备+成本基准=项目预算。因此 BAC=50+7=57 万元。

（55）**参考答案：B**

试题解析 三点估算法主要用于估算工期或成本。<u>期望工期=(最乐观时间+4×最可能时间+最悲观时间)/6</u>；<u>期望成本=(最乐观成本+4×最可能成本+最悲观成本)/6=(120+4×75+66)/6=81 元/（人·日）</u>。

（56）**参考答案：C**

试题解析 控制资源的输出有：<u>工作绩效信息</u>、<u>变更请求</u>、项目管理计划更新（资源管理计划、进度基准、成本基准），项目文件更新（<u>假设日志</u>、问题日志、经验教训登记册、物质资源分配单、资源分解结构、风险登记册）。

（57）**参考答案：** A

🔖**试题解析** 可作为监督沟通过程输入的项目文件主要包括：<u>问题日志、经验教训登记册和项目沟通记录</u>等。

（58）**参考答案：** D

🔖**试题解析** 适用于监督干系人参与过程的人际关系技能主要包括：积极倾听——通过积极倾听，减少理解错误和沟通错误；文化意识——文化意识和文化敏感性有助于项目经理分析干系人和团队成员的文化差异和文化需求，并对沟通进行规划；<u>领导力——成功的干系人参与，需要强有力的领导技能</u>，以传递愿景并激励干系人支持项目工作和成果；人际交往——通过人际交往了解关于干系人参与水平；政策意识——有助于理解组织战略，理解谁能行使权力和施加影响，以及培养与这些干系人沟通的能力。

（59）**参考答案：** D

🔖**试题解析** <u>仪表盘</u>是以电子方式收集信息并生成描述状态的图表，允许对数据进行深入分析，用于提供高层级的概要信息，对于超出既定临界值的任何度量指标，辅助使用文本进行解释。

（60）**参考答案：** B

🔖**试题解析** <u>变更请求是控制采购的输出</u>。

（61）**参考答案：** B

🔖**试题解析** 适合实施整体变更控制的决策技术包括：<u>投票、独裁型决策制定、多标准决策分析</u>。

（62）**参考答案：** C

🔖**试题解析** 关闭项目合同协议或项目阶段合同协议所必须开展的活动包括：确认卖方的工作已通过正式验收；<u>最终处置未决索赔</u>；更新记录以反映最后的结果；存档相关信息供未来使用。

（63）**参考答案：** D

🔖**试题解析** <u>验收测试工作可以由业主和承建单位共同进行，也可以由第三方公司进行</u>，但无论哪种方式都需要以项目前期所签署的合同以及相关的支持附件作为依据进行验收测试,而不得随意变更验收测试的依据。

（64）**参考答案：** C

🔖**试题解析** 用户信息包括（但不限于）：个人或组织的基本信息；个人或组织的账号信息；个人或组织的信用信息；个人或组织的行为数据信息。

业务信息包括（但不限于）：根据业务所属行业划分，如金融行业信息、能源行业信息、交通行业信息等；根据业务自身特点进行细分，如研发信息、生产信息、维护信息等。

<u>经营管理信息包括（但不限于）：从业务管理视角进行细分，如市场营销信息、经营信息、财务信息、并购或融资信息、产品信息、运营或交付信息等。</u>

系统运行信息包括（但不限于）：网络和信息系统运维及网络安全信息，如系统配置信息、监测数据、备份数据、日志数据和安全漏洞信息等。

（65）**参考答案：** B

🔖**试题解析** 所有配置项的操作权限应由配置管理员严格管理，<u>基本原则是：基线配置项向开发人员开放读取的权限；非基线配置项向项目经理、变更控制委员会（Change Control Board,CCB）及相关人员开放</u>。

（66）**参考答案**：A

试题解析　配置控制即配置项和基线的变更控制，包括变更申请、变更评估、通告评估结果、变更实施、变更验证与确认、变更的发布基于配置库的变更控制等任务。

变更申请主要陈述：要做什么变更，为什么要变更，以及打算怎么变更。相关人员（如项目经理）填写变更申请表，说明要变更的内容、变更的原因、受变更影响的关联配置项和有关基线、变更实施方案、工作量和变更实施人等，并提交给 CCB。

CCB 负责组织对变更申请进行评估并确定：变更对项目的影响；变更的内容是否必要；变更的范围是否考虑周全；变更的实施方案是否可行；变更工作量估计是否合理。CCB 决定是否接受变更，并将决定通知相关人员。

CCB 把关于每个变更申请的批准、否决或推迟的决定通知受此处置意见影响的每个干系人。

项目经理组织修改相关的配置项，并在相应的文档、程序代码或配置管理数据中记录变更信息。

项目经理指定人员对变更后的配置项进行测试或验证。项目经理应将变更与验证的结果提交 CCB，由其确认变更是否已经按要求完成。

配置管理员将变更后的配置项纳入基线。配置管理员将变更内容和结果通知相关人员，并做好记录。

（67）**参考答案**：B

试题解析　信息系统项目中，通常会定义 CCB、变更管理负责人、变更请求者、变更实施者和变更顾问委员会等。

CCB：由主要项目干系人代表组成的一个正式团体，它是决策机构，不是作业机构，通过评审手段决定项目基准是否能变更。其主要职责包括：负责审查、评价、批准、推迟或否决项目变更；将变更申请的批准、否决或推迟的决定通知受此处置意见影响的相关干系人；接收变更与验证结果，确认变更是否按要求完成。

变更管理负责人：也称变更经理，通常是变更管理过程解决方案的负责人，其主要职责包括：负责整个变更过程方案的结果；负责变更管理过程的监控；负责协调相关的资源，保障所有变更按照预定过程顺利运作；确定变更类型，组织变更计划和日程安排；管理变更的日程安排；变更实施完成之后的回顾和关闭；承担变更相关责任，并且具有相应权限；可能以逐级审批形式或团队会议的形式参与变更的风险评估和审批等。

变更请求者：需要具备理解变更过程的能力，提出变更需求。其主要职责包括：提出变更需求，记录并提交变更请求单；初步评价变更的风险和影响，给变更请求设定适当的变更类型。

变更实施者：需要具备执行变更方案的技术能力，按照批准的变更计划实施变更的内容（包括必要时的恢复步骤）。其主要职责包括：负责按照变更计划实施具体的变更任务；负责记录并保存变更过程中的产物，将变更后的基准纳入项目基准中；参与变更正确性的验证与确认工作。

变更顾问委员会：主要职责包括在紧急变更时，可以对被授权者行使审批权限；定期听取变更经理汇报，评估变更管理执行情况，必要时提出改进建议等。

（68）**参考答案**：D

试题解析　信息系统工程监理的技术参考模型由四部分组成，即监理支撑要素、监理运行周期、监理对象和监理内容。

（69）**参考答案：C**

试题解析 监理形式是指监理过程中所采用的方式，包括监理例会、签认、现场和旁站等。

监理例会：由监理机构主持、有关单位参加的，在工程监理及相关服务过程中针对质量、进度、投资控制和合同、文档资料管理以及协调项目各方工作关系等事宜定期召开的会议。

签认：在监理过程中，工程建设或运维管理任何一方签署，并认可其他方所提供文件的活动。

现场：开展项目所有监理及相关服务活动的地点。驻场服务属于现场监理的一种形式，要求监理人员在项目执行期间，一直在现场开展监理服务。

旁站：在关键部位或关键工序施工过程中，由监理人员在现场进行的监督或见证活动。

（70）**参考答案：B**

试题解析 项目管理工程师是项目团队的领导者，其所肩负的责任就是领导他的团队准时、优质地完成项目的全部工作，从而实现项目目标。

项目管理工程师的职责：不断提高个人的项目管理能力；贯彻执行国家和项目所在地政府的有关法律、法规和政策，执行所在单位的各项管理制度和有关技术规范标准；对信息系统项目的全生命期进行有效控制，确保项目质量和工期，努力提高经济效益；严格执行财务制度，加强财务管理，严格控制项目成本；执行所在单位规定的应由项目管理工程师负责履行的各项条款。

项目管理工程师的权力：组织项目团队；组织制订信息系统项目计划，协调管理信息系统项目相关的人力、设备等资源；协调信息系统项目内外部关系，受委托签署有关合同、协议或其他文件。

（71）**参考答案：B**

试题翻译 数据价值化是以___（71）___为起点，经历数据资产化，数据资本化的阶段，实现数据价值化的阶段。

（71）A．数据智能化　　B．数据资源化　　C．数据安全性　　D．数据产业化

（72）**参考答案：D**

试题翻译 网络安全态势感知在___（72）___的基础上，进行数据整合、特征提取等，应用一系列态势评估算法，生成网络的整体态势情况。

（72）A．安全应用软件　B．安全基础设施　C．安全网络环境　D．安全大数据

（73）**参考答案：A**

试题翻译 可行性报告中，是否存在人力资源不足的问题，是否可以通过社会招聘或培训获得所需人员，属于___（73）___的内容。

（73）A．技术可行性分析　　　　　　　B．经济可行性问题

　　　C．社会效益可行性分析　　　　　D．运行环境可行性分析

（74）**参考答案：C**

试题翻译 ___（74）___用于确认项目可交付成果的成功完成。

（74）A．业务需求　　B．解决方案需求　　C．质量需求　　D．过渡与就绪需求

（75）**参考答案：C**

试题翻译 在控制进度过程的数据分析技术中，___（75）___可以通过检查项目绩效随时间的变化情况来确定绩效是在改善还是在恶化。

（75）A．储备分析　　B．蒙特卡洛分析　　C．趋势分析　　D．假设情景分析

系统集成项目管理工程师机考试卷　第1套
应用技术参考答案/试题解析

试题一　参考答案/试题解析

【问题1】参考答案

在规划质量管理过程中的不足之处：项目经理不应该安排配置管理员小李负责质量管理，因为他之前没有质量管理的工作经验；小李不应该单独一个人制订质量管理计划，应该与相关干系人一起制订；没有制订质量测量指标。

在管理质量过程中的不足之处：管理质量工作中没有定期或不定期地进行质量审计和过程分析，找到相关问题；没有收集质量管理过程中的项目绩效数据；没有形成质量报告，缺少针对过程、项目和产品的改善建议、纠正措施建议，以及在控制质量过程中发现的情况的概述。

在控制质量过程中的不足之处：质量控制过程中没有分析绩效数据；没有认真地进行质量控制，不仅仅要对可交付物进行质量控制，还需要对质量保证过程进行质量控制；客户提交需求变更，签订了需求变更确认文件，经过 CCB 的批准方可实施；软件内部测试后，还需相关干系人参与进行第三方测试，符合验收标准才能出示质量报告。

试题解析　由于题目要求指出质量管理过程"中存在的问题，因此回答应围绕质量管理的过程（即启动过程组中的规划质量管理、执行过程组中的管理质量、监控过程组中的控制质量）来进行。

【问题2】参考答案

管理质量过程的数据表现技术有亲和图、因果图、流程图、直方图、矩阵图等。

试题解析　亲和图可根据导致质量问题原因对质量问题进行分类（根据原因与问题的亲近程度）；因果图也叫鱼刺图、鱼骨图或石川图，用于找出导致质量问题的根本原因；流程图用于分析质量问题产生的过程；直方图可用于显示质量问题的分布情况；矩阵图可展示影响质量的因素、导致质量问题的原因、质量目标三者间关系的强弱。

【问题3】参考答案/试题解析

（1）√。

（2）×。核对单是一种结构化工具，通过具体列出各检查项来核实一系列步骤是否已经执行，确保在质量控制过程中规范地执行经常性任务。

（3）√。

（4）×。在敏捷或适应型项目中，控制质量活动可能由所有团队成员在整个项目生命周期中执行。

【问题4】参考答案

（1）核查表；（2）测试。

试题二 参考答案/试题解析

【问题1】参考答案

该项目的双代号网络图如下图所示。

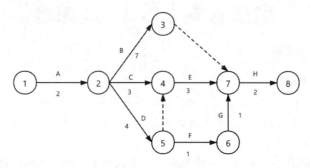

【问题2】参考答案

（1）根据网络图，其关键路径是：A-B-H，A-D-E-H，项目工期=2+7+2=2+4+3+2=11（周）。

（2）E 在关键路径上，总时差和自由时差都是 0，因此活动 E 不能拖延，最多拖延时间为 0 周。G 的自由时差是=9-8=1（周）。

试题解析 网络图中，用时最长的路径即关键路径。完成关键路径上所有活动所需用时即为项目工期。自由时差也称为自由浮动时间，它是指在不影响其任何紧后工作最早开始时间的条件下，本工作可以利用的机动时间；总时差是指在不影响项目总工期的条件下，本工作可以利用的机动时间。

【问题3】参考答案

（1）增加的最低成本是 20 万元；赶工后的项目预算是 175 万元。

（2）PV=A+B×(2/5)+C×(2/3)+D×(2/3)=10+60×(2/5)+6×(2/3)+15×(2/3)=48（万元）；

EV=A+B+C+ D×(2/3)=10+60+6+15×(2/3)=86（万元）；

AC=60 万元；

CPI=EV/AC=86/60≈1.43；

SPI=EV/PV=48/60= 0.8。

试题三 参考答案/试题解析

【问题1】参考答案

场景1做得好的地方有：①项目经理小唐适时跟踪、审查和报告整体项目进展，实现项目管理计划中确定的绩效目标；②项目经理小唐定期召开项目进展会议，让干系人了解项目的当前状态和未来项目的状态；③项目经理小唐分析进度滞后的原因，并采取了积极措施，处理了进度落后的问题，确保项目能够按计划推进。

场景2做得好的地方有：①项目经理小唐及时响应院方的需求，确定变更内容，正确处理了院方的变更请求；②项目经理小唐在变更过程中及时与相关干系人沟通，并取得了他们的支持；③项目经理小唐严格按照变更流程处理相关问题；④项目经理小唐确保对项目中已记录在案的变更做了综合评审。

　　场景 3 做得好的地方有：①项目经理小唐做好了范围确认工作，明确范围确认的标准、方法和流程，使得验收具有客观性；②项目经理小唐在做好质量控制工作之后，召开范围确认会议，提高了最终产品、服务或成果获得验收的可能性；③项目经理小唐定期或不定期展开范围确认工作，并邀请相关干系人参与验收已完成的项目可交付成果。

　　【问题 2】参考答案

　　变更管理的工作程序：①变更申请；②对变更的初审；③变更方案论证；④变更审查；⑤发出通知并实施；⑥实施监控；⑦效果评估；⑧变更收尾。

　　【问题 3】参考答案

　　项目干系人进行范围确认时，一般需要检查以下 6 个方面的问题：①可交付成果是否是确定的、可确认的；②每个可交付成果是否有明确的里程碑，里程碑是否有明确的、可辨别的事件，如客户的书面认可等；③是否有明确的质量标准，可交付成果和其标准之间是否有明确联系；④审核和承诺是否有清晰的表达；⑤项目范围是否覆盖了需要完成的产品或服务的所有活动，有没有遗漏或错误；⑥项目范围的风险是否太高，管理层是否能够降低风险发生时对项目的影响。

　　【问题 4】参考答案

　　B D E G

　　试题解析　确认范围是正式验收已完成项目可交付成果的过程，本过程应根据需要在整个项目期间定期开展。确认范围的输出包括：核实的可交付成果，工作绩效信息（其中包含了项目进展信息，如哪些成果已被验收，或者未通过验收的原因），变更请求（变更可能会影响可交付成果），项目文件更新（经验教训登记册、需求文件、需求跟踪矩阵）。

试题四　参考答案/试题解析

　　【问题 1】参考答案

措施	风险应对策略
决定引入外部专家进行咨询和指导	规避
团队加强了数据加密措施，并定期进行安全漏洞扫描和修复	减轻
准备应急修复计划以应对可能出现的 bug	减轻
项目初期，增加应急储备	接受
把组织中最有能力的资源分配给项目	开拓
与供应商建立紧密的沟通机制，确保硬件按时到货	规避
在项目初期与客户进行深入沟通，明确双方职责与期望；建立定期沟通机制，及时解决合作中出现的问题	规避
加强部门沟通，建立协调配合机制	分享

　　【问题 2】参考答案

　　计算预期货币价值（EMV）：

EMV=60%×100+20%×300+15%×250+5%×(-600)=60+60+37.5-30=127.5（万元）

试题解析 预期货币价值是指当前投资在未来某一时刻的价值。在决策树技术中，通过计算出决策树中每条分支的预期货币价值，可以比较各条分支方案的优劣，从而选出最优路径（决策）。

【问题3】参考答案

（1）可预测性 （2）已知风险 （3）潜在风险责任人 （4）概率分布图 （5）风险审计

系统集成项目管理工程师机考试卷 第2套
基础知识

- 应用的场合不同，信息的侧重面也不一样。对于金融信息而言，其最重要的特性是 (1) ；而对于经济与社会信息而言，其最重要的特性是 (1) 。

  (1) A. 安全性 经济性　　　　　　　　B. 可靠性 经济性

  　　　C. 安全性 及时性　　　　　　　　D. 可靠性 及时性

- 工业互联网平台体系具有四大层级，它以网络为基础、平台为中枢、数据为要素、 (2) 。

  (2) A. 技术为保障　　B. 法律为保障　　C. 融合为保障　　D. 安全为保障

- 某制造企业的智能制造已经实现跨业务活动间的数据共享，根据《智能制造能力成熟度模型》（GB/T 39116）的规定，该企业属于 (3) 。

  (3) A. 规范级　　　　B. 集成级　　　　C. 优化级　　　　D. 引领级

- 元宇宙的主要特征不包括 (4) 。

  (4) A. 虚拟现实　　　B. 沉浸式体验　　C. 虚拟身份　　　D. 虚拟经济

- 某公司在局域网内需要建立一个网络存储服务器，主要用于 Web 服务、多媒体资料存储和文件资料共享，应采用 (5) 。

  (5) A. NAS　　　　　B. DAS　　　　　C. FAN　　　　　D. SAN

- (6) 是一种可以全面应对应用层威胁的高性能防火墙。

  (6) A. VPN　　　　　B. NGFW　　　　C. IDS　　　　　D. IPS

- 关于云计算的描述，不正确的是 (7) 。

  (7) A. 按照云计算服务提供的资源层次，可以分为基础设施即服务（IaaS）、平台即服务（PaaS）和软件即服务（SaaS）

  　　　B. 云计算的关键技术主要涉及虚拟化技术、云存储技术、多租户和访问控制管理、云安全技术等

  　　　C. 云计算可以快速、按需、弹性服务，用户可以按照实际需求迅速获取或释放资源，并可以根据需求对资源进行动态扩展

  　　　D. 超线程技术将单个操作系统的资源划分到孤立的组中，以便更好地在孤立的组之间平衡有冲突的资源使用需求

- IT 服务内涵不包括 (8) 。

  (8) A. 本质特征　　　B. 流程特征　　　C. 形态特征　　　D. 效益特征

- 《信息技术服务 质量评价指标体系》（GB/T 33850）定义了 IT 服务质量模型，其中互动性属于 __(9)__ 。

  （9）A．友好性　　　　B．响应性　　　　C．安全性　　　　D．可靠性

- 下列说法错误的是 __(10)__ 。

  （10）A．信息系统架构通常可分为物理架构与逻辑架构两种

  　　　B．按照信息系统在空间上的拓扑关系，其物理架构一般分为集中式与分布式两大类

  　　　C．横向融合是指把某种职能和需求的各个层次的业务组织在一起

  　　　D．集中式架构的优点是资源集中，便于管理，资源利用率较高

- 技术架构的基本原则不包括 __(11)__ 。

  （11）A．服务于业务原则　　　　　　　　B．人才技能覆盖原则

  　　　C．成熟度控制原则　　　　　　　　D．技术已知悉原则

- 信息系统受到不同的安全威胁，其中 __(12)__ 属于主动型攻击。

  ①网络监听　②散播病毒　③水灾　④编程错误　⑤数据篡改

  （12）A．①②　　　　B．②④　　　　C．④⑤　　　　D．②⑤

- OOD 原则中， __(13)__ 的目的是降低类之间的耦合度，提高模块的相对独立性。

  （13）A．里氏替换原则　　　　　　　　　B．迪米特原则

  　　　C．依赖倒置原则　　　　　　　　　D．组合重用原则

- 软件实现中，下列说法不正确的是 __(14)__ 。

  （14）A．编码效率主要包括程序效率、算法效率、存储效率、I/O 效率和复用效率

  　　　B．对代码的静态测试一般采用桌前检查、代码走查和代码审查的方式

  　　　C．白盒测试也称为结构测试，主要用于软件单元测试中

  　　　D．确认测试主要用于验证软件的功能、性能和其他特性是否与用户需求一致

- 在数据预处理中， __(15)__ 属于数据缺失的处理方法。

  ①删除缺失值　②回归法　③均值填补法　④热卡填补法

  （15）A．①②③　　　　B．①②④　　　　C．②③④　　　　D．①③④

- 下列说法不正确的是 __(16)__ 。

  （16）A．数据仓库是一个面向主题的、集成的、随时间变化的、包含汇总和明细的、稳定的历史数据集合

  　　　B．数据的前端工具主要包括各种查询工具、报表工具、分析工具、数据挖掘工具以及各种基于数据仓库或数据集市的应用开发工具

  　　　C．ROLAP 基本数据存放于 RDBMS 之中，聚合数据存放于多维数据库中

  　　　D．主题库建设可采用多层级体系结构，即数据源层、构件层、主题库层

- 数据脱敏原则不包括 __(17)__ 。

  （17）A．算法不可逆原则　　　　　　　　B．保留引用可靠性原则

  　　　C．保持数据特征原则　　　　　　　D．保留引用完整性原则

- __(18)__ 不是操作系统功能。

  （18）A．应用软件　　B．存储管理　　C．设备管理　　D．进程管理

- 《信息安全等级保护管理办法》中，国家信息安全监管部门对　(19)　中的信息系统信息安全等级保护工作进行强制监督、检查。

  (19) A. 第二级　　　　　B. 第三级　　　　　C. 第四级　　　　　D. 第五级

- 安全空间的五大属性为　(20)　。

  (20) A. 控制、权限、完整、可靠和不可否认

  　　　B. 控制、权限、完整、加密和不可否认

  　　　C. 认证、权限、完整、可靠和不可否认

  　　　D. 认证、权限、完整、加密和不可否认

- 在公共特性的成熟度等级中，　(21)　的公共特性是建立可测度的质量目标和对执行情况实施客观管理。

  (21) A. 非正规实施级　　　　　　　　B. 量化控制级

  　　　C. 规划和跟踪级　　　　　　　　D. 充分定义级

- 有效的项目管理能够帮助个人、群体以及组织做到　(22)　。

  (22) A. 提高可预测性　　　　　　　　B. 更有效地展开市场竞争

  　　　C. 实现可持续发展　　　　　　　D. 将项目成果与业务目标联系起来

- 　(23)　是项目集具体的管理措施。

  (23) A. 指导组织的投资决策　　　　　B. 在同一个治理框架内管理变更请求

  　　　C. 提高实现预期投资回报的可能性　D. 集中管理所有组成部分的综合风险

- 某公司正在进行一个项目，项目经理由其他项目的项目成员小刘兼任，他的批准权力低，职能经理小唐是项目的预算管理者，该项目的组织结构是　(24)　。

  (24) A. 项目型　　　　B. PMO　　　　C. 弱矩阵型　　　　D. 复合型

- 关于项目生命周期的描述，不正确的是　(25)　。

  (25) A. 项目初始阶段不确定性水平最高，达不到项目目标的风险也最高

  　　　B. 项目初始阶段，成本和人员投入水平较低，在中间阶段达到最高

  　　　C. 项目生命周期适用于任何类型的项目

  　　　D. 项目干系人对项目最终费用的影响力随着项目的开展逐渐增强

- 关于可行性研究的描述，不正确的是　(26)　。

  (26) A. 技术可行性分析往往决定了项目的方向，如果出现错误，将会出现严重的后果，造成项目根本上的失败

  　　　B. 经济可行性分析主要是对整个项目的投资及所产生的经济效益进行分析，具体包括支出分析、收益分析、投资回报分析及敏感性分析等

  　　　C. 技术可行性分析一般应考虑的因素包括进行项目开发的风险、人力资源的有效性、技术能力的可能性、物资（产品）的可用性

  　　　D. 面向公共服务领域的项目，法律可行性、政策可行性往往是可行性分析的关注重点

- 项目评估的依据不包括　(27)　。

  (27) A. 项目建议书及其批准文件　　　B. 项目管理计划

  　　　C. 项目可行性研究报告　　　　　D. 必需的其他文件和资料等

● ____(28)____ 属于执行过程组。
①管理干系人参与　②定义活动　③实施风险应对
④收集需求　⑤管理质量　⑥风险定性分析
(28) A. ①③④　　　　B. ②④⑤　　　　C. ①③⑤　　　　D. ④⑤⑥

● ____(29)____ 不属于项目章程的内容。
(29) A. 高层级需求　　　　　　　　B. 项目退出标准
　　　C. 关键干系人名单　　　　　　D. 需求跟踪矩阵

● 识别干系人的输出不包括 ____(30)____ 。
(30) A. 干系人登记册　　　　　　　B. 变更请求
　　　C. 组织过程资产更新　　　　　D. 项目文件更新

● 排列活动顺序过程输入的主要项目文件不包括 ____(31)____ 。
(31) A. 假设日志　　　B. 项目日历　　　C. 活动属性　　　D. 活动清单

● 成本管理计划的内容不包括 ____(32)____ 。
(32) A. 计量单位　　　B. WBS　　　C. 其他细节　　　D. 组织程序链接

● ____(33)____ 是用来估算备选方案优势和劣势的财务分析工具，以确定可以创造最佳效益的备选方案。
(33) A. 成本效益分析　　　　　　　B. 质量成本
　　　C. 多标准决策分析　　　　　　D. 矩阵图

● 数据表现中的层级图不包括 ____(34)____ 。
(34) A. WBS　　　B. RAM　　　C. OBS　　　D. 资源分解结构

● 估算活动资源的工具与技术不包括 ____(35)____ 。
①自上而下估算　②类比估算　③备选方案分析　④三点估算
(35) A. ①③　　　　B. ③④　　　　C. ①④　　　　D. ②④

● 关于风险管理，下列描述不正确的是 ____(36)____ 。
(36) A. 项目风险会对项目目标产生负面或正面的影响，也就是威胁与机会
　　　B. 按照风险对象可将风险划分为自然风险和人为风险
　　　C. 风险的相对性是指对于不同的人，当收益越大时愿意承担的风险也就越大
　　　D. 风险的可变性含义包括风险性质的变化、风险后果的变化、出现新风险

● ____(37)____ 不属于识别风险的输入。
(37) A. 需求管理计划　B. 协议　　　C. 问题日志　　　D. 变更日志

● 风险报告的主要内容不包括 ____(38)____ 。
(38) A. 整体项目风险的来源　　　　B. 已识别的单个项目风险的概述信息
　　　C. 风险管理计划中规定的报告要求　　D. 已识别风险的潜在应对措施

● 如果使用了两个以上的参数对风险进行分类，那就不能使用 ____(39)____ ，而需要使用其他图形。
(39) A. 概率和影响矩阵　　　　　　B. 风险数据质量评估
　　　C. 层级图　　　　　　　　　　D. 思维导图

● 当项目出现机会风险的时候，把组织中最有能力的资源分配给项目来缩短完工时间。项目经理

第2套

采取的是 __(40)__ 措施。

(40) A. 提高　　　　　B. 分享　　　　　C. 开拓　　　　　D. 接受

● 如果需要供应商提供关于将如何满足需求和（或）将需要多少成本的更多信息，就使用 __(41)__ 。

(41) A. 报价邀请书　B. 信息邀请书　C. 建议邀请书　D. 技术邀请书

● 问题日志是一种记录和跟进所有问题的项目文件，其所需要记录和跟进的内容不包括 __(42)__ 。

(42) A. 问题类型　　　　　　　　　B. 解决措施

　　 C. 由谁负责解决问题　　　　　D. 问题优先级

● __(43)__ 是管理项目知识的人际关系与团队技能。

(43) A. 领导力　　　　B. 管理力　　　　C. 观察和交谈　　D. 谈判

● 下列情况可以不进行预分派的是 __(44)__ 。

(44) A. 在竞标过程中承诺分派特定人员进行项目工作

　　 B. 项目取决于特定人员的专有技能

　　 C. 在完成资源管理计划的前期工作之前，一些过程已经指定了某些团队成员的工作

　　 D. 在完成范围管理计划的前期工作之前，一些过程已经指定了某些团队成员的工作

● __(45)__ 不是管理团队的主要工作。

(45) A. 在管理团队的过程中，分析冲突背景、原因和阶段，采用适当方法解决冲突

　　 B. 发现、分析和解决成员之间的误解，发现和纠正违反基本规则的言行

　　 C. 建设富有生气、凝聚力和协作性的团队文化

　　 D. 对于虚拟团队，要持续评估虚拟团队成员参与的有效性

● 管理沟通过程的沟通技能是 __(46)__ 。

(46) A. 冲突管理　　B. 沟通胜任力　　C. 文化意识　　D. 人际交往

● __(47)__ 是实施风险应对的输入。

(47) A. 变更请求　　B. 事业环境因素　C. 风险报告　　D. 项目团队派工单

● 关于以招投标方式进行的采购，下列说法不正确的是 __(48)__ 。

(48) A. 实施采购过程包括招标、投标、评标和授标四个环节

　　 B. 在投标人会议期间，招标方也可以带潜在卖方考察项目现场

　　 C. 评标工作通常由专门的评标委员会进行

　　 D. 评标委员会批准某投标方中标，与其订立合同

● 在管理干系人参与过程中，不需要开展的活动是： __(49)__ 。

(49) A. 维持或提升干系人参与活动的效率和效果

　　 B. 通过谈判和沟通的方式管理干系人期望

　　 C. 处理与干系人管理有关的任何风险或潜在关注点

　　 D. 澄清和解决已识别的问题

● __(50)__ 不是控制质量的数据表现工具。

(50) A. 因果图　　　B. 亲和图　　　　C. 直方图　　　　D. 散点图

● 使验收过程具有客观性是 __(51)__ 过程的主要作用。

(51) A. 管理质量　　B. 控制质量　　　C. 确认范围　　　D. 控制范围

● 下图是某项目的进度网络图，在保证不会影响项目总工期的情况下，活动 F 最多能拖延 ＿＿(52)＿＿ 天。

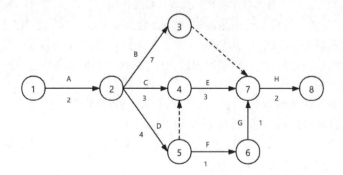

(52) A. 0   B. 1   C. 2   D. 3

● 某学校开发 HIS 管理系统，软件研发专家组给出了如下时间估计：

活动	乐观工期	最可能工期	悲观工期
HIS 管理系统的代码编写	5 人·天	14 人·天	17 人·天

假设三个估值服从 β 分布，则该 HIS 管理系统软件在 9～17 天之间完成的可能性约为 (53)。

(53) A. 34%   B. 68%   C. 95%   D. 99%

● 如果项目的成本预算是 2000 万元，当前的挣值是 900 万元，实际成本是 1200 万元，则该项目的成本绩效指数是 ＿＿(54)＿＿，成本绩效为 ＿＿(54)＿＿。

(54) A. 0.75　成本超支   B. 1.33　成本节约

      C. 1.33　成本超支   D. 0.75　成本节约

● 某项目中活动 A 的成本估算为 1500 元，总工期为 10 天，项目经理在施工第 8 天晚上查看工作进度，发现任务只完成 80%，成本消耗了 1000 元。为了不影响项目整体按时完工，活动 A 需要按时完工，项目经理计划在现有成本条件下进行赶工，则活动 A 的完工尚需绩效指数（TCPI）应该为 ＿＿(55)＿＿。

(55) A. 0.6   B. 0.7   C. 0.8   D. 0.9

● 监督风险过程关注的内容不包括 ＿＿(56)＿＿。

(56) A. 影响可以导致资源使用变更的因素   B. 成本或进度应急储备是否需要修改

      C. 及时识别和处理资源缺乏/剩余情况   D. 在变更实际发生时对其进行管理等

● 监督风险的工具与技术不包括 ＿＿(57)＿＿。

(57) A. 会议   B. 审计   C. 数据分析   D. 数据表现

● 应该在项目期间尽早进行 ＿＿(58)＿＿，确保项目团队有时间分析和纠正任何异常。

(58) A. 成本效益分析   B. 挣值分析   C. 趋势分析   D. 偏差分析

● 变更控制工具需要支持的配置管理活动不包括 ＿＿(59)＿＿。

(59) A. 识别配置项   B. 配置项控制

      C. 记录并报告配置项状态   D. 进行配置项核实与审计

- 控制采购过程的主要工具与技术不包括　(60)　。

  (60) A. 索赔管理　　　B. 检查　　　　　　C. 会议　　　　　　D. 审计

- 关于项目最终报告所需包含的内容，下列说法错误的是　(61)　。

  (61) A. 范围目标、范围的评估标准，证明达到完工标准的证据

  　　　B. 如果在项目结束时未能实现效益，需指出效益实现程度，无须预计未来实现情况

  　　　C. 如果项目结束时未能满足业务需求，则指出需求满足程度并预计业务需求何时能得到满足

  　　　D. 成本目标，包括可接受的成本区间、实际成本，产生任何偏差的原因等

- 系统集成项目的主要移交对象不包括　(62)　。

  (62) A. 向用户移交　　　　　　　　　　B. 向运维和支持团队移交

  　　　C. 过程资产向组织移交　　　　　　D. 事业环境向组织移交

- 可根据侵害可能的影响对象和影响程度，对信息系统项目的信息（文档）进行分析并定级。其中所说的"影响对象"不包括　(63)　。

  (63) A. 国家利益　　B. 公共利益　　　C. 组织权益　　　D. 法人权益

- 　(64)　是配置控制委员会的具体工作。

  (64) A. 评估配置管理过程并持续改进　　B. 建立和维护配置库或配置管理数据库

  　　　C. 根据配置管理报告决定相应的对策　D. 记录所负责配置项的所有变更

- 项目经理小刘在配置项识别过程中，已经完成了定义每个配置项的重要特征，其下一步应该　(65)　。

  (65) A. 确定每个配置项的所有者及其责任

  　　　B. 为每个配置项指定唯一的标识号

  　　　C. 确定配置项进入配置管理的时间和条件

  　　　D. 建立和控制基线

- 变更的常见原因不包括　(66)　。

  (66) A. 外部事件

  　　　B. 非增值变更

  　　　C. 应对风险的紧急计划或回避计划

  　　　D. 项目范围（工作）定义的过失或者疏忽

- 　(67)　是由监理单位法定代表人书面授权、全面负责监理及相关服务合同的履行、主持监理机构工作的监理工程师。

  (67) A. 监理工程师　　B. 监理员　　　　C. 总监理工程师代表　　D. 总监理工程师

- 在信息系统工程建设阶段中，督促承建单位采取措施、纠正问题，促使项目质量、进度、投资等按要求实现是　(68)　阶段的活动。

  (68) A. 规划　　　　　B. 设计　　　　　C. 招标　　　　　　D. 实施

- 《中华人民共和国数据安全法》于　(69)　起正式施行。

  (69) A. 2021 年 9 月 1 日　　　　　　　B. 2021 年 11 月 1 日

  　　　C. 2022 年 9 月 1 日　　　　　　　D. 2022 年 11 月 1 日

- 《企业标准化管理办法》中明确企业标准应定期复审，复审周期一般不超过 （70） 年。

  （70）A．2　　　　　　B．3　　　　　　C．4　　　　　　D．5

- The main features of big data do not include （71） .

  （71）A．massive data　　　　　　B．diverse data types

  　　　C．high data value density　　　D．fast data processing speed

- The ability elements of ITSS do not include （72） .

  （72）A．personnel　　B．process　　C．technology　　D．resources

- ChatGPT is an AI driven （73） tool.

  （73）A．natural language processing　　B．data storage processing

  　　　C．network privacy and security　　D．data collection algorithm

- （74） is a input that does not belong to monitoring project work.

  （74）A．Project management plan　　B．Issue log

  　　　C．Cost forecast　　　　　　　　D．Work performance report

- （75） contains the current baseline plus changes to the baseline, and its configuration items are placed under complete configuration management.

  （75）A．Development library　　　B．Controlled library

  　　　C．Distribution library　　　D．Product library

系统集成项目管理工程师机考试卷 第2套
应用技术

试题一（20分）

阅读下列说明，回答【问题1】至【问题4】，将解答填入答题区的对应位置。

【说明】某项目基本情况如下表所示。

活动	紧前活动	工期/天	最短工期/天	正常总费用/元	赶工费用/（元/天）
A	—	1	1	5000	
B	A	3	2	5000	7000
C	A	7	4	11000	1000
D	B	5	3	10000	2000
E	B	8	6	8500	2000
F	C、D	4	2	8500	4000
G	E、F	1	1	5000	

【问题1】（3分）

找出项目的关键路径，并计算总工期、BAC。

【问题2】（7分）

项目根据实际情况进行了适当调整，当项目第9天检查的时候，得到项目的情况如下表：

活动	计划完成百分比	实际完成百分比	实际费用/元
A	100%	100%	5000
B	100%	100%	6000
C	100%	100%	9000
D	100%	90%	9000
E	100%	60%	4000
F	0	0	0
G	0	0	0

请判断项目第9天结束时的绩效情况，并说明理由。

【问题3】（2分）

如果采取纠正措施，项目的EAC是多少？

【问题4】（8分）

在项目计划阶段，如果项目想提前2天完工，请回答问题：

（1）在保证总费用最低的条件下，请问首先压缩哪个活动？为什么？（2分）

（2）在（1）的基础上，给出提前2天完工的整体压缩方案，并计算压缩后的项目总费用。（6分）

试题二（20分）

阅读下列说明，回答【问题1】至【问题3】，将解答填入答题区的对应位置。

【说明】 某软件开发公司接受了一个复杂的定制软件开发项目，旨在为客户提供一个全新的业务管理系统。项目涉及多个技术领域，包括前端开发、后端开发、数据库设计、系统集成等。为了确保项目的成功实施，公司任命小刘为项目经理并组建了项目团队。

在项目的执行过程中，对获取资源、建设项目团队、管理项目团队、实施采购四个过程的情况描述如下：

场景1：获取资源、建设项目团队和管理项目团队。

在项目启动后不久，开发团队与成都测试团队在软件功能的验收标准和测试流程上产生了分歧。开发团队在未与小刘沟通的情况下，直接向公司总部的高层领导反映了这一问题。高层领导对小刘进行了询问和批评，小刘虽然感到有些无奈，但他深知解决问题的重要性。

于是，小刘迅速行动起来，组织了一次包括远程顾问在内的线上紧急会议。在会议中，各方充分表达了自己的观点和关切，经过激烈的讨论和协商，最终达成了一致意见，确定了新的验收标准和测试流程。

场景2：实施采购。

小刘负责采购一批关键的电子元器件，为了控制项目成本，他选择了报价相对较低的C公司作为供应商，并与其签订了合同，约定了明确的交货时间和质量标准，然后预付了全款。然而，在项目实施过程中，C公司多次未能按时交货，导致项目进度受到严重影响。为了尽快解决问题，小刘多次与C公司进行沟通和协商，但对方总是以各种理由推脱责任，不愿意承担违约的后果。同时，由于C公司提供的电子元器件质量不稳定，导致项目现场出现了多次故障，给甲方带来了很大的困扰。面对这种情况，小刘意识到与C公司的合作已经无法继续下去，他果断决定终止与C公司的合同，并寻找其他可靠的供应商。经过努力，小刘最终找到了一家新的供应商，并成功完成了项目采购任务。

【问题1】（9分）

（1）结合本案例，项目经理小刘应该采取什么措施实现团队高效运行？（6分）

（2）结合本案例，根据塔克曼阶梯理论，该团队处于什么阶段？并说明理由。（3分）

【问题2】（5分）

结合案例简要说明小刘在实施采购过程中存在的问题。

【问题3】（6分）

请将下面（1）～（6）处的答案填写在答题区的对应位置。

1. 采购形式一般有：__(1)__、邀请招标和__(2)__。

2. 常用的评标方法包括加权打分法、__(3)__和独立估算。

3. __(4)__合同为买方和卖方都提供了一定的灵活性，它允许有一定的绩效偏差，并对实现既定目标给予财务奖励。

4. 非大量采购标准化产品时，通常可以由买方直接填写卖方提供的__(5)__，卖方照此供货。

5. 如果工作性质清楚，但工作量不是很清楚，而且工作不复杂，又需要快速签订合同，则使用__(6)__。

试题三（18分）

阅读下列说明，回答【问题1】至【问题3】，将解答填入答题区的对应位置。

【说明】某市电力公司决定对城市的电网进行智能化升级，这是一个市级重点工程，涵盖众多干系人。项目的完成时间限制在三个月内，沟通管理和干系人管理的效率直接关系到项目的顺利推进。

作为项目经理的小李，在项目启动之初就认识到了沟通管理和干系人管理的重要性。他迅速建立了项目领导层的双周例会机制，确保关键决策能够迅速传达和讨论。同时，他制订了详尽的沟通计划和干系人管理计划，并根据项目的不同阶段，明确了各个阶段的主要干系人，编制了干系人名册，主要人员包括：客户方的4名技术人员、3名中层管理人员、2名高管和项目团队人员；电力公司的2名高管。

此外，小李还特别注意沟通管理的灵活性，随着项目的推进，他根据实际情况不断调整和优化沟通策略。最终，在小李的精心组织和管理下，电网智能化升级项目如期完成，得到了市政府和广大市民的高度评价。这不仅是对小李和他的团队工作的肯定，也充分说明了在项目管理中，沟通管理和干系人管理的重要性不容忽视。

【问题1】（8分）

（1）结合案例中小李制定的干系人名册，根据干系人的权力利益方格，请指出该项目需要"重点管理"的干系人有哪些。（2分）

（2）请指出项目经理的如下活动对应的管理过程（从候选项中选择正确选项，将该选项的编号填入答题区对应栏内）。（6分）

活动	所属过程
建立了项目的周例会制度	①
因项目进展和环境变化，采取不同的策略和计划引导干系人合理参与项目	②
项目不同阶段识别的关键干系人	③
对于突发的问题或紧急事件，因为面对面汇报来不急，他利用企业微信或短信进行即时通知	④
利用午餐时间、休息时间等机会与干系人进行面对面的交流，了解他们的需求和关切，进一步增进彼此之间的了解和信任	⑤
小李充分利用了企业微信和短信等即时通信工具通知相关干系人相关项目信息	⑥

A．规划沟通　　　　B．管理沟通　　　　C．监督沟通　　　　D．识别干系人

E．规划干系人管理　　F．管理干系人　　　G．监督干系人参与

【问题2】（4分）

管理沟通的输出有哪些？

【问题3】（6分）

判断下列选项的正误（填写在答题区的对应位置，正确的选项填写"√"，错误的选项填写"×"）。

（1）常用的沟通方法有交互式沟通、推式沟通、拉式沟通等。当信息量很大或受众很多时，应采用拉式沟通方式。（　　）

（2）干系人参与水平可分为不了解型、抵制型、中立型和领导型。（　　）

（3）识别干系人过程的数据收集技术主要包括问卷调查、头脑风暴和文件分析等。（　　）

（4）凸显模型可用于确定已识别干系人的相对重要性。（　　）

（5）监督干系人参与过程中，领导力有助于理解组织战略，理解谁能行使权力和施加影响，以及培养与这些干系人沟通的能力。（　　）

（6）干系人登记册记录关于已识别干系人的信息，主要包括身份信息、评估信息和干系人分类等。（　　）

试题四（17分）

阅读下列说明，回答【问题1】至【问题3】，将解答填入答题区的对应位置。

【说明】 A公司近期计划开展一项重大的系统集成项目，合同预付款项高达5000万元。为确保项目的顺利进行，公司领导指定小张负责项目的立项准备工作。小张迅速行动起来，组织公司内部的技术精英进行深入的可行性研究。经过一系列的技术分析和市场调研，技术团队形成了初步可行性研究报告，并得到了公司内部评审的通过。

报告中对项目的技术可行性、经济效益以及潜在风险进行了全面评估，结果显示该项目具有较高的实施价值和良好的市场前景。公司领导对这份报告给予了高度评价，并决定正式推进项目。

在项目审批通过后，A公司立即着手组织项目招标会。招标会吸引了众多业内优秀企业的关注，最终共收到8家单位的投标书。为确保招标过程的公正、公平和透明，A公司邀请了评标委员会专家进行评标工作。评标委员会由6位专家组成，其中包括3名经济和技术领域的专家。

经过严格的评审和比较，评标委员会最终公布了4个中标候选人。公示期结束后，A公司综合考虑了各候选人的施工经验、技术方案、报价等因素，最终选定了具有丰富施工经验的B公司作为中标单位。

【问题1】（8分）

（1）项目投资前期的主要阶段有哪些？（4分）

（2）项目建议书的主要内容包括哪些？（4分）

【问题2】（6分）

根据题目说明，从候选答案中选择正确选项，将该选项的编号填入答题区对应栏内，不能多选，多选一个得0分。

在可行性研究中，物资（产品）的可用性是＿＿(1)＿＿需要考虑的因素。经济可行性分析中，非一次性支出包括＿＿(2)＿＿。

A．技术可行分析　　　　B．社会效益可行性分析　　C．软硬件租金

D．设备购置费　　　　　E．人员工资及福利　　　　F．运行环境可行性分析

G．经济可行性分析　　　H．差旅费　　　　　　　　I．测试数据录入

【问题3】（3分）

判断下列选项的正误（填写在答题区的对应位置，正确的选项填写"√"，错误的选项填写"×"）。

（1）辅助（功能）研究包括项目的一个或几个方面，也可以是所有方面。　　　　（　）

（2）详细可行性研究应遵循的原则包括科学性原则、客观性原则和公平性原则。　　（　）

（3）有无比较法比传统的前后比较法更能准确地反映项目的真实成本和效益。　　（　）

系统集成项目管理工程师机考试卷 第2套
基础知识参考答案/试题解析

（1）参考答案：C

🖋️**试题解析** 获取信息可以满足人们消除不确定性的需求，因此信息具有价值，而价值的大小取决于信息的质量，这就要求信息满足一定的质量属性，主要包括精确性、完整性、可靠性、及时性、经济性、可验证性和安全性等。应用的场合不同，信息的侧重面也不一样。例如，对于金融信息而言，其最重要的特性是**安全性**；而对于经济与社会信息而言，其最重要的特性是**及时性**。

（2）参考答案：D

🖋️**试题解析** 工业互联网平台体系具有四大层级，它以网络为基础、平台为中枢、数据为要素、安全为保障。

（3）参考答案：B

🖋️**试题解析** 《智能制造能力成熟度模型》（GB/T 39116）规定了企业智能制造能力在不同阶段应达到的水平。成熟度等级分为五个等级，自低向高分别是一级（规划级）、二级（规范级）、三级（集成级）、四级（优化级）和五级（引领级）。

一级（规划级）：企业应开始对实施智能制造的基础和条件进行规划，能够对核心业务活动（设计、生产、物流、销售、服务）进行流程化管理。

二级（规范级）：企业应采用自动化技术、信息技术手段对核心装备和业务活动等进行改造和规范，实现单一业务活动的数据共享。

三级（集成级）：企业应对装备、系统等开展集成，实现跨业务活动间的数据共享。

四级（优化级）：企业应对人员、资源、制造等进行数据挖掘，形成知识、模型等，实现对核心业务活动的精准预测和优化。

五级（引领级）：企业应基于模型持续驱动业务活动的优化和创新，实现产业链协同并衍生新的制造模式和商业模式。

（4）参考答案：A

🖋️**试题解析** 元宇宙的主要特征包括：沉浸式体验，虚拟身份，虚拟经济，虚拟社会治理。

元宇宙的发展主要基于人们对互联网体验的需求，这种体验就是沉浸式体验。人们已经拥有大量的互联网账号，未来人们在元宇宙中，随着账号内涵和外延的进一步丰富，将会发展成为一个或若干个数字身份，这种身份就是数字世界的一个或一组角色，也称虚拟身份。虚拟身份的存在促使元宇宙具备了开展虚拟社会活动的能力，而这些活动需要一定的经济模式展开，即虚拟经济。元宇宙中的经济与社会活动也需要一定的法律法规和规则的约束，就像现实世界一样，元宇宙也需要社区化的社会治理。

元宇宙虚拟的不一定是现实。

（5）参考答案：A

🖋**试题解析** 网络附属存储（Network Attached Storage，NAS），也称网络存储器，存储不是依附于服务器而是依附于网络。直连存储（Direct Attached Storage，DAS），即存储器直接连接到服务器上。文件区域网络（File Area Network，FAN），文件存在网络中的什么位置是透明的，用户只需通过本机的统一的界面就可以访问所有文件。存储区域网络（Storage Area Network，SAN），它把存储设备通过光纤互连，形成一个专用的存储网络，这个网络上的所有存储设备可以从逻辑上视作同一个设备，因此文件在这个网络上的存储是以块为单位而不是以文件为单位，这也是 SAN 与 NAS 的主要区别（NAS 是以文件为单位存储的）。

局域网内的网络存储器，理论上使用选项中的四种存储皆可以，但考虑到成本、需求、复杂度的关系，使用 NAS 即可。

（6）参考答案：B

🖋**试题解析** 下一代防火墙（Next Generation Firewall，NGFW）是一种可以全面应对应用层威胁的高性能防火墙。

入侵检测系统（Invasion Detect System，IDS）注重对网络安全状况的监控，通过监视网络或系统资源，寻找违反安全策略的行为或攻击迹象并发出报警。绝大多数 IDS 系统都是被动的。

入侵防护系统（Invasion Protect System，IPS）倾向于提供主动防护，注重对入侵行为的控制。其设计宗旨是预先对入侵活动和攻击性网络流量进行拦截，避免造成损失。

虚拟专用网络（Virtual Private Network，VPN）是依靠 ISP（Internet Service Provider）和其他 NSP（Network Service Provider），在公用网络中建立专用的、安全的数据通信通道的技术。

（7）参考答案：D

🖋**试题解析** 容器技术是虚拟化技术中的一种，它通过将单个操作系统的资源划分到孤立的组中，可更好地在孤立的组之间平衡有冲突的资源使用需求。

（8）参考答案：B

🖋**试题解析** IT 服务除了具备服务的基本特征，还具备本质特征、形态特征、过程特征（IT 服务是个过程而不是流程）、阶段特征、效益特征、内部关联性特征、外部关联性特征等方面的内涵。

（9）参考答案：B

🖋**试题解析** IT 服务质量模型如下图所示：

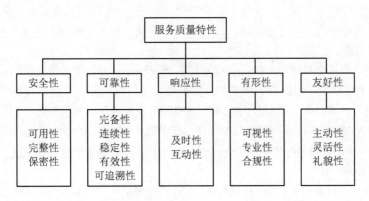

（10）**参考答案：C**

🖊**试题解析** 信息系统架构通常可分为物理架构与逻辑架构两种，物理架构是指不考虑系统各部分的实际工作与功能架构，只抽象地考察其硬件系统的空间分布情况。逻辑架构是指信息系统各种功能子系统的综合体。

纵向融合是指把某种职能和需求的各个层次的业务组织在一起。

（11）**参考答案：A**

🖊**试题解析** 技术架构的基本原则包括：成熟度控制原则、技术已知悉原则、局部可替换原则、人才技能覆盖原则和创新驱动原则。

（12）**参考答案：D**

🖊**试题解析** 网络与信息安全风险分为四类：人为蓄意破坏，灾害性攻击，系统故障，人员无意识行为。"人为蓄意破坏"又分为主动型攻击（数据篡改，假冒身份，拒绝服务，重放，散播病毒，主观抵赖）与被动型攻击（网络监听，非法登录，信息截取）。

（13）**参考答案：B**

试题解析 单职原则：一个类应该有且仅有一个引起它变化的原因，否则类应该被拆分。

开闭原则：对扩展开放，对修改封闭，从而使得当应用的需求改变时，在不修改软件实体的源代码或者二进制代码的前提下，可以扩展模块的功能，使其满足新的需求。

里氏替换原则：子类可以替换父类，即子类可以扩展父类的功能，但不能改变父类原有的功能。

依赖倒置原则：要依赖于抽象，而不是具体实现；要针对接口编程，不要针对实现编程。

接口隔离原则：使用多个专门的接口比使用单一的总接口要好。

组合重用原则：要尽量使用组合，而不是继承关系达到重用目的。

迪米特原则（最少知识法则）：一个对象应当对其他对象有尽可能少的了解。其目的是降低类之间的耦合度，提高模块的相对独立性。

（14）**参考答案：A**

🖊**试题解析** 编码效率主要包括：程序效率、算法效率、存储效率、I/O 效率。

（15）**参考答案：D**

🖊**试题解析** 一般而言，数据预处理的主要内容包括数据缺失、数据异常、数据不一致、数据重复、数据格式不符等情况。

数据缺失产生的原因分为环境原因和人为原因，需要针对不同的原因采取不同的数据预处理方法，常见的方法有删除缺失值、均值填补法、热卡填补法（找一个最相似的作为替代）等。

（16）**参考答案：C**

🖊**试题解析** 联机分析处理（On-Line Analysis Processing，OLAP）服务器对分析需要的数据进行有效集成，按多维模型予以组织，以便进行多角度、多层次地分析，并发现趋势。其具体实现可以分为：ROLAP（关系数据的联机分析处理）、MOLAP（多维联机分析处理）和 HOLAP（混合联机分析处理）。ROLAP 基本数据和聚合数据均存放在 RDBMS 之中；MOLAP 基本数据和聚合数据均存放于多维数据库中；HOLAP 基本数据存放于 RDBMS 之中，聚合数据存放于多维数据库中。

（17）**参考答案：B**

🖊**试题解析** 数据脱敏原则主要包括算法不可逆原则、保持数据特征原则、保留引用完整性原则、规避融合风险原则、脱敏过程自动化原则和脱敏结果可重复原则等。

（18）**参考答案：A**

🖊**试题解析**　操作系统功能主要包括以下 5 个方面。

进程管理：其工作主要是进程调度，在单用户单任务的情况下，处理器仅为一个用户的一个任务所独占，进程管理的工作十分简单。但在多道程序或多用户的情况下，组织多个作业或任务时，就要解决处理器的调度、分配和回收等问题。

存储管理：分为存储分配、存储共享、存储保护、存储扩张等功能。

设备管理：具有设备分配、设备传输控制、设备独立性等功能。

文件管理：具有文件存储空间管理、目录管理、文件操作管理、文件保护等功能。

作业管理：负责处理用户提交的任何要求。

（19）**参考答案：C**

🖊**试题解析**　《信息安全等级保护管理办法》将信息系统的安全保护等级分为以下 5 级：

第一级，信息系统受到破坏后，会对公民、法人和其他组织的合法权益造成损害，但不损害国家安全、社会秩序和公共利益。第一级信息系统运营、使用单位应当依据国家有关管理规范和技术标准进行保护。

第二级，信息系统受到破坏后，会对公民、法人和其他组织的合法权益产生严重损害，或者对社会秩序和公共利益造成损害，但不损害国家安全。第二级信息系统运营、使用单位应当依据国家有关管理规范和技术标准进行保护。国家信息安全监管部门对该级信息系统信息安全等级保护工作进行指导。

第三级，信息系统受到破坏后，会对社会秩序和公共利益造成严重损害，或者对国家安全造成损害。第三级信息系统运营、使用单位应当依据国家有关管理规范和技术标准进行保护。国家信息安全监管部门对该级信息系统信息安全等级保护工作进行监督、检查。

第四级，信息系统受到破坏后，会对社会秩序和公共利益造成特别严重损害，或者对国家安全造成严重损害。第四级信息系统运营、使用单位应当依据国家有关管理规范、技术标准和业务专门需求进行保护。国家信息安全监管部门对该级信息系统信息安全等级保护工作进行强制监督、检查。

第五级，信息系统受到破坏后，会对国家安全造成特别严重损害。第五级信息系统运营、使用单位应当依据国家管理规范、技术标准和业务特殊安全需求进行保护。国家指定专门部门对该级信息系统信息安全等级保护工作进行专门监督、检查。

（20）**参考答案：D**

🖊**试题解析**　信息安全系统的体系架构，用一个"宏观"三维空间图来反映信息安全系统的体系架构及其组成。X 轴是"安全机制"，Y 轴是"OSI 网络参考模型"，Z 轴是"安全服务"。由 X、Y、Z 三个轴形成的信息安全系统三维空间就是信息系统的"安全空间"。"安全空间"的五大属性是认证、权限、完整、加密和不可否认。安全机制包含基础设施实体安全、平台安全、数据安全、通信安全、应用安全、运行安全、管理安全、授权和审计安全、安全防范体系等。安全服务包括对等实体认证服务、数据保密服务、数据完整性服务、数据源点认证服务、禁止否认服务和犯罪证据提供服务等。安全技术主要涉及加密、数字签名技术、防控控制、数据完整性、认证、数据挖掘等。

（21）**参考答案：B**

试题解析 公共特性的成熟度等级定义如下表：

成熟度 级别	Level 1 （非正规实施级）	Level 2 （规划和跟踪级）	Level 3 （充分定义级）	Level 4 （量化控制级）	Level 5 （持续改进级）
公共特性	执行基本实施	规划执行 规范化执行 验证执行 跟踪执行	定义标准化过程 执行已定义的过程 协调安全实施	建立可测度的质量 目标 对执行情况实施客 观管理	改进组织能力 改进过程的效能

（22）**参考答案：A**

试题解析 有效的项目管理能够帮助个人、群体以及组织做到以下几点：达成业务目标；满足干系人的期望；提高可预测性；提高成功的概率；在适当的时间交付正确的产品；解决问题和争议；及时应对风险；优化组织资源的使用；识别、挽救或终止失败项目；管理制约因素（例如，范围、质量、进度、成本、资源）；平衡制约因素对项目的影响（例如，范围扩大可能会增加成本或延长进度）；以更好的方式管理变更等。

（23）**参考答案：B**

试题解析 项目集的具体管理措施包括：调整对项目集和所辖项目的目标有影响的组织或战略方向；将项目集范围分配到项目集的组成部分；管理项目集组成部分之间的依赖关系，从而以最佳方式实施项目集；管理可能影响项目集内多个项目的项目集风险；解决影响项目集内多个项目的制约因素和冲突；解决作为组成部分的项目与项目集之间的问题；在同一个治理框架内管理变更请求；将预算分配到项目集内的多个项目中；确保项目集及其包含的项目能够实现效益。

（24）**参考答案：C**

试题解析 组织结构对项目的影响如下表：

组织结构类型	项目特征				
	项目经理的 批准权力	项目经理的角色	资源 可用性	项目预算 管理人	项目管理 人员
系统型或简 单型	极少或无	兼职；工作角色（如协调员） 指定与否不限	极少或无	负责人或操 作员	极少或无
职能（集中式）	极少或无	兼职；工作角色（如协调员） 指定与否不限	极少或无	职能经理	兼职
多部门（职能可 复制，各部门几 乎不会集中）	极少或无	兼职；工作角色（如协调员） 指定与否不限	极少或无	职能经理	兼职
矩阵——强	中到高	全职指定工作角色	中到高	项目经理	全职
矩阵——弱	低	兼职；作为另一项工作的组成 部分，并非指定工作角色（如 协调员）	低	职能经理	兼职

组织结构类型	项目特征				
	项目经理的批准权力	项目经理的角色	资源可用性	项目预算管理人	项目管理人员
矩阵——均衡	低到中	兼职：作为一种技能的嵌入职能，不可以指定工作角色（如协调员）	低到中	混合	兼职
项目导向（复合、混合）	高到几乎全部	全职指定角色	高到几乎全部	项目经理	全职
虚拟	低到中	全职或兼职	低到中	混合	全职或兼职
混合型	混合	混合	混合	混合	混合
PMO	高到几乎全部	全职指定工作	高到几乎全部	项目经理	全职

（25）参考答案：D

🖋试题解析　项目生命周期适用于任何类型的项目。项目的规模和复杂性各不相同，但不论其大小繁简，所有项目都呈现出包含启动项目、组织与准备、执行项目工作和结束项目 4 个项目阶段的通用生命周期结构。

通用的生命周期结构具有以下两方面的主要特征：①在初始阶段，成本和人员投入水平较低，在中间阶段达到最高，当项目接近结束时则快速下降；②在项目的初始阶段不确定性水平最高，因此达不到项目目标的风险是最高的，随着项目的继续，完成项目的确定性通常也会逐渐上升；③在项目的初始阶段，项目干系人影响项目的最终产品特征和项目最终费用的能力最高，随着项目的继续开展则逐渐变低。

（26）参考答案：D

🖋试题解析　面向公共服务领域的项目，社会效益往往是可行性分析的关注重点。

（27）参考答案：B

🖋试题解析　项目评估的依据主要包括：①项目建议书及其批准文件；②项目可行性研究报告；③报送组织的申请报告及主管部门的初审意见；④项目关键建设条件和工程等的协议文件；⑤必需的其他文件和资料等。

（28）参考答案：C

🖋试题解析　项目管理 5 个过程组和 10 个知识领域如下表：

知识领域	项目管理过程组				
	启动过程组	规划过程组	执行过程组	监控过程组	收尾过程组
整合管理	制定项目章程	制订项目管理计划	指导与管理项目工作 管理项目知识	监控项目工作 实施整体变更控制	结束项目或阶段

知识领域	项目管理过程组				
	启动过程组	规划过程组	执行过程组	监控过程组	收尾过程组
范围管理		规划范围管理 收集需求 定义范围 创建 WBS		确认范围 控制范围	
进度管理		规划进度管理 定义活动 排列活动顺序 估算活动持续时间 制订进度计划		控制进度	
成本管理		规划成本管理 估算成本 制订预算		控制成本	
质量管理		规划质量管理	管理质量	控制质量	
资源管理		规划资料管理 估算活动资源	获取资源 建设团队 管理团队	控制资源	
沟通管理		规划沟通管理	管理沟通	监督沟通	
风险管理		规划风险管理 识别风险 实施定性风险分析 实施定量风险分析 规划风险应对	实施风险应对	监督风险	
采购管理		规划采购管理	实施采购	控制采购	
干系人管理	识别干系人	规划干系人参与	管理干系人参与	监督干系人参与	

（29）**参考答案：D**

🖋️**试题解析** 项目章程的主要内容：项目目的；可测量的项目目标和相关的成功标准；高层级需求；高层级项目描述、边界定义以及主要可交付成果；整体项目风险；总体里程碑进度计划；预先批准的财务资源；关键干系人名单；项目审批要求（例如，评价项目成功的标准，由谁对项目成功下结论，由谁签署项目结束）；项目退出标准（例如，在何种条件下才能关闭或取消项目或阶段）；委派的项目经理及其职责和职权；发起人或其他批准项目章程的人员的姓名和职权等。

（30）**参考答案：C**

🖋️**试题解析** 识别干系人的输出有：干系人登记册、变更请求、项目管理计划更新（需求管理计划、沟通管理计划、风险管理计划、干系人参与计划）、项目文件更新（假设日志、问题日志、风险登记册）。

（31）**参考答案：B**

试题解析 可作为排列活动顺序过程输入的项目文件主要包括假设日志、活动属性、活动清单和里程碑清单等。

（32）**参考答案**：B

试题解析 在成本管理计划中一般需要规定计量单位、精确度、准确度、组织程序链接、控制临界值、绩效测量规则、报告格式和其他细节等。

（33）**参考答案**：A

试题解析 成本效益分析是用来估算备选方案优势和劣势的财务分析工具，以确定可以创造最佳效益的备选方案。成本效益分析可帮助项目经理确定规划的质量活动是否有效利用了成本。达到质量要求的主要效益包括减少返工、提高生产率、降低成本、提升干系人满意度及提升盈利能力。对每个质量活动进行成本效益分析，就是要比较其可能成本与预期效益。

（34）**参考答案**：B

试题解析 工作分解结构（WBS）：用来显示如何把项目可交付成果分解为工作包，有助明确高层级的职责。

组织分解结构（OBS）：WBS显示项目可交付成果的分解，而OBS则按照组织现有的部门、单元或团队排列，并在每个部门下列出项目活动或工作包，运营部门只需要找到其所在的OBS位置，就能看到自己的全部项目职责。

资源分解结构（RBS）：资源分解结构是按资源类别和类型，对团队和实物资源的层级列表，用于规划、管理和控制项目工作，每向下一个层次都代表对资源的更详细描述，直到信息细到可以与工作分解结构相结合，用来规划和监控项目工作。

WBS、OBS、RBS都是层级图。

（35）**参考答案**：C

试题解析 估算活动资源的工具与技术包括：专家判断、自下而上估算、参数估算、类比估算、数据分析（备选方案分析）、项目管理信息系统、会议。

（36）**参考答案**：B

试题解析 按照风险来源或损失产生的原因可将风险划分为自然风险和人为风险。

（37）**参考答案**：D

试题解析 识别风险的输入有项目管理计划（需求管理计划、进度管理计划、成本管理计划、质量管理计划、资源管理计划、风险管理计划、范围基准、进度基准、成本基准），项目文件（假设日志、成本估算、持续时间估算、问题日志、经验教训登记册、需求文件、资源需求、干系人登记册）、协议、采购文档、事业环境因素、组织过程资产。

（38）**参考答案**：D

试题解析 风险报告提供关于整体项目风险的信息，以及关于已识别的单个项目风险的概述信息。风险报告内容主要包括：整体项目风险的来源，说明哪些是整体项目风险的最重要因素；关于已识别的单个项目风险的概述信息，例如，已识别的威胁与机会的数量、风险在风险类别中的分布情况、测量指标和发展趋势；根据风险管理计划中规定的报告要求，风险报告中可能还包含其他信息。

（39）**参考答案**：A

试题解析 如果使用了两个以上的参数对风险进行分类，那就不能使用概率和影响矩阵（此矩阵是二维的，只能用于两个参数的分析），而需要使用其他图形。

（40）**参考答案**：C

试题解析 针对机会，可以考虑以下5种备选策略：上报、开拓、分享、提高和接受。

如果项目团队或项目发起人认为某机会不在项目范围内，或提议的应对措施超出了项目经理的权限，就应该采取上报策略。

如果组织想确保把握住高优先级的机会，就可以选择开拓策略。此策略将特定机会的出现概率提高到100%，即确保其肯定出现，从而获得与其相关的收益。开拓措施可能包括：把组织中最有能力的资源分配给项目来缩短完工时间，或采用全新技术或技术升级来节约项目成本并缩短项目持续时间。

分享涉及将应对机会的责任转移给第三方，使其享有机会所带来的部分收益。必须仔细为已分享的机会安排新的风险责任人，让那些最有能力为项目抓住机会的人担任新的风险责任人。

提高策略用于提高机会出现的概率和影响。

接受机会是指承认机会的存在。此策略可用于低优先级的机会，也可用于无法以任何其他方式进行经济且有效应对的机会。接受策略又分为主动或被动方式。最常见的主动接受策略是建立应急储备，包括预留时间、资金或资源，以便在机会出现时加以利用；被动接受策略则不会主动采取行动，而只是定期对机会进行审查，确保其并未发生重大改变。

（41）**参考答案**：A

试题解析 招标文件可以是信息邀请书、报价邀请书、建议邀请书，或其他适当的采购文件。

信息邀请书（RFI）：如果需要卖方提供关于拟采购货物和服务的更多信息，就使用信息邀请书。随后一般还会使用报价邀请书或建议邀请书。

报价邀请书（RFQ）：如果需要供应商提供关于将如何满足需求和（或）将需要多少成本的更多信息，就使用报价邀请书。

建议邀请书（RFP）：如果项目中出现问题且解决办法难以确定，就使用建议邀请书。这是最正式的"邀请书"文件，需要遵守与内容、时间表以及卖方应答有关的严格的采购规则。

（42）**参考答案**：B

试题解析 问题日志是一种记录和跟进所有问题的项目文件，需要记录和跟进的内容可能包括：问题类型；问题提出者和提出时间；问题描述；问题优先级；由谁负责解决问题；目标解决日期；问题状态；最终解决情况。

（43）**参考答案**：A

试题解析 管理项目知识的人际关系与团队技能有：积极倾听、引导、领导力、人际交往和政治意识。

（44）**参考答案**：D

试题解析 预分派指事先确定项目的物质或团队资源，下列情况需要进行预分派：在竞标过程中承诺分派特定人员进行项目工作；项目取决于特定人员的专有技能；在完成资源管理计划的前期工作之前，制定项目章程过程或其他过程已经指定了某些团队成员的工作。

（45）**参考答案**：C

🖐试题解析　管理团队的主要工作包括：在管理团队的过程中，分析冲突背景、原因和阶段，采用适当方法解决冲突；考核团队绩效并向成员反馈考核结果；持续评估工作职责的落实情况，分析团队绩效的改进情况，考核培训、教练和辅导的效果；持续评估团队成员的技能并提出改进建议，持续评估妨碍团队的困难和障碍的排除情况，持续评估与成员的工作协议的落实情况；发现、分析和解决成员之间的误解，发现和纠正违反基本规则的言行；对于虚拟团队，则还要持续评估虚拟团队成员参与的有效性。

（46）参考答案：B

🖐试题解析　适用于管理沟通过程的沟通技能包括沟通胜任力、反馈、非口头技能、演示等。

（47）参考答案：C

🖐试题解析　实施风险应对的输入是项目管理计划（风险管理计划）、项目文件（经验教训登记册、风险登记册、风险报告）、组织过程资产。

（48）参考答案：D

🖐试题解析　以招投标方式进行的采购，实施采购过程包括招标、投标、评标和授标四个环节。

招标：买方发出招标文件，邀请潜在卖方要约。竞争招标应该在公共媒体上发布，邀请招标应该在有限范围内发布，直接采购只需要向特定厂家发出采购消息。

投标：潜在卖方购买招标文件之后，根据招标文件编制投标文件。在编制投标文件的过程中，潜在卖方会对招标文件有各种疑问。招标方应该通过投标人会议给他们提问的机会，并回答他们的问题。在投标人会议期间，招标方也可以带潜在卖方考察项目现场。

评标：招标方收到投标文件后，就要按既定的评标程序和标准开展评标工作。评标工作通常由专门的评标委员会进行。

授标：在确定中标者之前，需要与潜在卖方进行谈判。谈判的目的是要与潜在卖方加深了解，得到公平、合理的价格，为以后可能的合同关系奠定良好基础。基于评标委员会的推荐，招标方的高级管理层正式批准某投标方中标，与其订立合同。

（49）参考答案：A

🖐试题解析　在管理干系人参与过程中，需要开展多项活动，包括：在适当的项目阶段引导干系人参与，以便获取、确认或维持他们对项目成功的持续承诺；通过谈判和沟通的方式管理干系人期望；处理与干系人管理有关的任何风险或潜在关注点，预测干系人可能在未来引发的问题；澄清和解决已识别的问题等。

（50）参考答案：B

🖐试题解析　适用于控制质量过程的数据表现技术包括因果图、控制图、直方图和散点图等。

（51）参考答案：C

🖐试题解析　确认范围是正式验收已完成的项目可交付成果的过程。本过程的主要作用是使验收过程具有客观性；同时通过确认每个可交付成果来提高最终产品、服务或成果获得验收的可能性。本过程应根据需要在整个项目期间定期开展。

（52）参考答案：B

🖐试题解析　根据网络图，其关键路径是：A-B-H，A-D-E-H。F不在关键路径上，其总时差是 1，因此活动 F 最多能拖延 1 天。

（53）参考答案：C

🏷️试题解析　计划评审技术（Program/Project Evaluation and Review Technology，PERT）使用三点估算来计算项目的期望完成时间和标准差。三点估算技术的理论基础是假设项目持续时间以及整个项目完成时间是随机的，且服从某种概率分布。

假定三个估计服从 β 分布，则：

活动历时均值(或估计值)=(乐观时间+4×最可能时间+悲观时间)/6。

活动历时方差(标准差) σ =(悲观时间-乐观时间)/6

我们还要会算在某一个时间段内项目（活动）完成的概率，这就需要用到"面积法"，如下图所示。我们只需要记住 68.26%、95.46%、99.73% 这三个特殊数值，它们分别对应在一个标准差、两个标准差或三个标准差的时间（成本）范围内完成项目的概率。

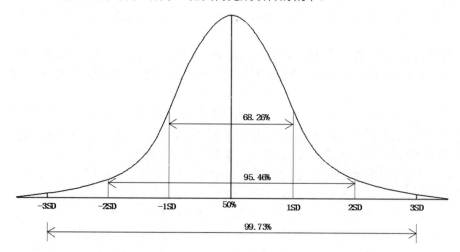

期望工期=(5+4×14+17)/6=13

标准差=(17-5)/6=2

在 9～17 天之间完成的可能性是两个标准差所覆盖的面积，即约为 95%。

（54）参考答案：A

🏷️试题解析　成本预算=BAC（Budget at Completion）=PV（Planned Value）之和=2000 万元；EV（Earned Value）=900 万元；AC（Actual Cost）=1200 万元；

CPI=EV/AC=900/1200=0.75，因为 CPI<1，所以项目成本超支。

（55）参考答案：A

🏷️试题解析　BAC=1500 元，PV=1500×8/10=1200 元，EV=1500×80%=1200 元，AC=1000 元，因此：TCPI=(BAC−EV)/(BAC−AC)=(1500−1200)/(1500-1000)=300/500=0.6。

（56）参考答案：B

🏷️试题解析　控制资源过程关注：监督资源支出；及时识别和处理资源缺乏/剩余情况；确保根据计划和项目需求使用并释放资源；出现资源相关问题时通知相应干系人；影响可以导致资源使用变更的因素；在变更实际发生时对其进行管理等。

（57）**参考答案**：D

🖢**试题解析**　监督风险的工具与技术有<u>数据分析</u>（技术绩效分析、储备分析）、<u>审计</u>和<u>会议</u>。

（58）**参考答案**：C

🖢**试题解析**　趋势分析是指根据以往结果预测未来绩效，它可以预测项目的进度延误，提前让项目经理意识到如果按照既定趋势发展后期进度可能出现的问题。<u>应该在项目期间尽早进行趋势分析，确保项目团队有时间分析和纠正任何异常</u>。可以根据趋势分析的结果，提出必要的预防措施建议。趋势分析根据以往结果预测未来趋势，关注点是在未来；偏差分析根据以往结果找出计划的偏离，关注点是当前。

（59）**参考答案**：B

🖢**试题解析**　变更控制工具的选择应基于项目干系人的需要，并充分考虑组织和环境的情况和制约因素。<u>变更控制工具需要支持的配置管理活动包括：识别配置项、记录并报告配置项状态、进行配置项核实与审计等</u>。

（60）**参考答案**：C

🖢**试题解析**　控制采购过程的主要输入为项目管理计划、项目文件、协议、采购文档和工作绩效数据，<u>主要工具与技术包括专家判断、索赔管理、数据分析、检查和审计</u>，主要输出为采购关闭和工作绩效信息。

（61）**参考答案**：B

🖢**试题解析**　项目最终报告总结项目绩效，其中可包含：项目或阶段的概述；范围目标、范围的评估标准，证明达到完工标准的证据；质量目标、项目和产品质量的评估标准、相关核实信息和实际里程碑交付日期以及偏差原因；成本目标，包括可接受的成本区间、实际成本，产生任何偏差的原因等；最终产品、服务或成果的确认信息的总结；进度计划目标包括成果是否实现项目预期效益；<u>如果在项目结束时未能实现效益，则指出效益实现程度并预计未来实现情况</u>；关于最终产品、服务或成果如何满足业务需求的概述，如果项目结束时未能满足业务需求，则指出需求满足程度并预计业务需求何时能得到满足；关于项目过程中发生的风险或问题及其解决情况的概述等。

（62）**参考答案**：D

🖢**试题解析**　<u>系统集成项目的移交通常包含三个主要移交对象，分别是向用户移交、向运维和支持团队移交，以及过程资产向组织移交</u>。

项目经理需依据项目立项管理文件、合同或协议中交付内容的规定，识别并整理需向客户方移交的工作成果，可能包括：需求说明书、设计说明书、项目研发成果、测试报告、可执行程序及用户使用手册等。

项目经理需依据上线发布或运维移交的相关规定，识别并整理需向运维和支持团队移交的工作成果，这可能包括：需求说明书、设计说明书、项目研发成果、测试报告、可执行程序、用户使用手册、安装部署手册或运维手册等。

在项目收尾过程中，项目团队应归纳总结项目的过程资产和技术资产，提交组织更新至过程资产库。向组织移交的过程资产通常包括：项目档案；项目或阶段收尾文件；技术和管理资产。

（63）**参考答案**：A

✎试题解析　可以根据侵害可能的影响对象和影响程度对信息系统项目的信息（文档）进行分析并定级，按相应的定级保护策略进行管理。

影响对象主要包括：<u>个人、法人和其他组织的合法权益和经济利益</u>；<u>社会秩序、公共利益</u>；<u>国家安全</u>。

影响程度可以归结为：无影响；造成一般损害；造成严重损害；造成特别严重损害。

（64）参考答案：C

✎试题解析　配置管理相关的角色通常包括：配置控制委员会（CCB）、配置管理负责人、配置管理员和配置项负责人。其中配置控制委员会也称为变更控制委员会，它不只是控制变更，也负有更多的配置管理任务，具体工作包括：制订和修改项目配置管理策略；审批和发布配置管理计划；审批基线的设置、产品的版本等；审查、评价、批准、推迟或否决变更申请；监督已批准变更的实施；接收变更与验证结果，确认变更是否按要求完成；<u>根据配置管理报告决定相应的对策</u>。

（65）参考答案：A

✎试题解析　配置项识别是配置管理员的职能。配置项识别的基本步骤：识别需要受控的配置项；为每个配置项指定唯一的标识号；定义每个配置项的重要特征；<u>确定每个配置项的所有者及其责任</u>；确定配置项进入配置管理的时间和条件；建立和控制基线；维护文档和组件的修订与产品版本之间的关系。

（66）参考答案：B

✎试题解析　变更的常见原因包括：产品范围（成果）定义的过失或者疏忽；<u>项目范围（工作）定义的过失或者疏忽</u>；增值变更；<u>应对风险的紧急计划或回避计划</u>；项目执行过程与基准要求不一致带来的被动调整；<u>外部事件</u>等。

（67）参考答案：D

✎试题解析　监理服务能力要素由人员、技术、资源和流程四部分组成。其中的"人员"主要包括：总监理工程师，总监理工程师代表，监理工程师，监理员，外部技术协作体系，人力资源管理体系等。

监理工程师是由监理单位正式聘任的、取得国家相关主管部门颁发的信息系统监理工程师资格证书的专业技术人员。

<u>总监理工程师是指由监理单位法定代表人书面授权、全面负责监理及相关服务合同的履行、主持监理机构工作的监理工程师</u>。

总监理工程师代表是由总监理工程师书面授权、代表总监理工程师行使其部分职责和权力的监理工程师。

监理员是指经过监理及相关服务业务培训，具有同类工程相关专业知识，从事具体监理及相关服务工作的人员。

（68）参考答案：D

✎试题解析　信息系统工程建设在不同的阶段，监理服务内容有所不同。

规划阶段监理服务的基础活动主要包括：①协助业主单位构建信息系统架构；②可以为业主单位提供项目规划设计的相关服务，为业主单位决策提供依据；③对项目需求、项目计划和初步设计方案进行审查；④协助业主单位策划招标方法，适时提出咨询意见。

招标阶段监理服务的基础活动主要包括：①在业主单位授权下，参与业主单位招标前的准备工作，协助业主单位编制项目的工作计划；②在业主单位授权下，参与招标文件的编制，并对招标文件的内容提出监理意见；③在业主单位授权下，协助业主单位进行招标工作；④向业主单位提供招投标咨询服务；⑤在业主单位授权下，参与承建合同的签订过程，并对承建合同的内容提出监理意见。

设计阶段监理服务的基础活动主要包括：①设计方案、测试验收方案、计划方案的审查；②变更方案和文档资料的管理。

实施阶段监理服务的基础活动主要包括：通过现场监督、核查、记录和协调，及时发现项目实施过程中的问题，并督促承建单位采取措施、纠正问题，促使项目质量、进度、投资等按要求实现。

验收阶段监理服务的基础活动主要包括：①审核项目测试验收方案（验收目标、双方责任、验收提交清单、验收标准、验收方式、验收环境等）的符合性及可行性；②协调承建单位配合第三方测试机构进行项目系统测评；③促使项目的最终功能和性能符合承建合同、法律法规和标准的要求；④促使承建单位所提供的项目各阶段形成的技术、管理文档的内容和种类符合相关标准。

（69）**参考答案**：A

🖋**试题解析**　《中华人民共和国数据安全法》（以下简称"数据安全法"）于 2021 年 9 月 1 日起正式施行。数据安全法从数据安全与发展、数据安全制度、数据安全保护义务、政务数据安全与开放的角度对数据安全保护的义务和相应法律责任进行规定。

（70）**参考答案**：B

🖋**试题解析**　《行业标准管理办法》《地方标准管理办法》分别规定了行业标准、地方标准的复审周期，一般不超过 5 年。但对于地方标准中有下列情形之一的，应当及时复审：法律、法规、规章或者国家有关规定发生重大变化的；涉及的国家标准、行业标准、地方标准发生重大变化的；关键技术、适用条件发生重大变化的；应当及时复审的其他情形。

《企业标准化管理办法》中明确企业标准应定期复审，复审周期一般不超过 3 年。当有相应国家标准、行业标准和地方标准发布实施后，应及时复审，并确定其继续有效、修订或废止。

（71）**参考答案**：C

🌐**试题翻译**　大数据的主要特征不包括____（71）____。

（71）A．海量数据　　　　　　　　　　B．多样的数据类型

　　　C．数据价值密度高　　　　　　　D．数据处理速度快

（72）**参考答案**：B

🌐**试题翻译**　ITSS 的能力要素不包括____（72）____。

（72）A．人员　　　　　B．流程　　　　　C．技术　　　　　D．资源

（73）**参考答案**：A

🌐**试题翻译**　ChatGPT 是人工智能驱动的____（73）____工具。

（73）A．自然语言处理　　　　　　　　B．数据存储处理

　　　C．网络隐私安全　　　　　　　　D．数据采集算法

（74）**参考答案**：D

🌐**试题翻译**　____（74）____不属于监控项目工作的输入。

（74）A．项目管理计划   B．问题日志

       C．成本预测   D．工作绩效报告

（75）参考答案：B

🔖**试题翻译**   __（75）__包含当前的基线以及对基线的变更，且其配置项被置于完全的配置管理之下。

（75）A．开发库   B．受控库   C．发行库   D．产品库

系统集成项目管理工程师机考试卷 第2套
应用技术参考答案/试题解析

试题一 参考答案/试题解析

【问题1】参考答案

关键路径是 A-B-D-F-G

总工期=1+3+5+4+1=14（天）

BAC=A+B+C+D+E+F+G =5000+5000+11000+10000+8500+8500+5000 =53000（元）

试题解析 根据题干中的表格，得到进度网络图如下：

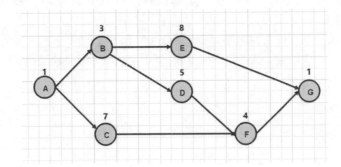

由上图易知，其关键路径是 A-B-D-F-G。

总工期即项目关键路径的长度，因此总工期为 1+3+5+4+1=14（天）。

BAC（Budget at Completion）即完工预算，它是成本的基准。

完工预算与项目预算的关系：完工预算+管理储备=项目预算。

完工预算与 PV（Planned Value）的关系：完工预算等于各活动 PV 的总和。

【问题2】参考答案

根据题干中的表格，得到 PV、EV、AC 如下：

PV=5000+5000+11000+10000+8500=39500（元）；

EV=A+B+C+D×90%+E×60%= 5000+5000+11000+10000×90%+8500×60%=35100（元）；

AC=5000+6000+9000+9000+4000=33000（元）；

SV=EV−PV=35100−39500=−4400（元），SV<0，进度落后；

CV=EV−AC=35100−33000=2100（元），CV>0，成本节约。

试题解析 计划价值（Planned Value，PV）是指某一工作或活动，其计划的价值（或成本）是多少。简单来说，就是某工作计划花多少钱。本题第一个表中的"正常总费用"列，对应的就是各个活动的 PV。PV 与活动的完成情况是无关的。

挣值（Earned Value，EV）是指对于当前已完成的工作，其原计划的价值（或成本）是多少。简单说来，就是已完成的工作原计划要花多少钱。本题中各活动的 PV 乘以其对应完成的百分比，就是各活动的 EV，当前的总 EV 就是各活动的 EV 之和（计算中忽略了完成比例为 0 的项）。

SV（Schedule Variance），进度偏差，用 EV 与 PV 之差表示，SV<0，表示进度滞后。

CV（Cost Variance），成本偏差，用 EV 与 AC 之差表示，CV<0，表示成本超支。

【问题 3】参考答案

BAC=53000，EV= 35100，AC=33000

EAC=(BAC−EV)+AC=(53000−35100)+33000=50900（元）。

试题解析 EAC（Estimate at Completion）即完工估算。

EAC=AC+ETC（Estimate to Completion）。

如果后续工作不会发生当前的偏差（即当前偏差是非典型的），则 ETC=BAC−EV；如果后续工作会继续以当前的偏差进行，则 ETC=(BAC−EC)/CPI，也可以说 EAC=BAC/CPI。

题目指出，要采取纠正措施，因此后续工作不会以当前偏差进行，即后续工作的成本与用时（用时与进度不是一个概念）与原计划中的成本与用时相同，因此 EAC=(BAC−EV)+AC。

【问题 4】参考答案

（1）D 压缩 1 天，增加的费用最小，费用是 2000 元。

（2）压缩方案是：D 压缩 1 天，E 压缩 1 天，C 压缩 1 天；压缩后的项目总费用= BAC+增加费用=53000+7000=60000（元）。

试题二　参考答案/试题解析

【问题 1】参考答案

（1）项目经理应创建一个能促进团队协作的环境，并通过给予挑战与机会，提供及时反馈与所需支持，以及认可与奖励优秀绩效，不断激励团队。可以采取的措施：使用开放与有效的沟通；创造团队建设机遇；建立团队成员间的信任；以建设性方式管理冲突；鼓励合作型的问题解决方法等。

（2）根据塔克曼阶梯理论，因为开发团队在未与小刘沟通的情况下，直接向公司总部的高层领导反映了这一问题，所以该团队处于震荡阶段。

震荡阶段是团队开始从事项目工作、制定技术决策和讨论项目管理方法的阶段。如果团队成员不能以合作和开放的态度对待不同观点和意见，团队环境可能变得事与愿违。

【问题 2】参考答案

实施采购过程存在的问题：采购需求不完整；价格不应该是选择供应商的唯一要素；不能由项目经理决定预付全款；不能按时交货时没有采取控制措施；采购中没有进行验货；没有执行有效的合同索赔。

【问题 3】参考答案

（1）直接采购；（2）竞争招标；（3）筛选系统；（4）总价加激励费用；（5）订购单；（6）工料合同。

试题三　参考答案/试题解析

【问题 1】参考答案

（1）该项目需要重点管理的干系人包括：客户方的 2 名高管，电力公司的 2 名高管。

（2）①A　②G　③D　④C　⑤F　⑥B

试题解析　作用影响方向分为权力利益方格和权力影响方格。权力利益方格是把干系人的权力作为二维坐标系中的一个轴，把干系人的利益作为另一个轴，从而在第一象限内把干系人分至四块区域：权力小利益小区域（采取"监督"策略），权力小利益大区域（采取"随时告知"策略），权力大利益小区域（采取"令其满意"策略），权力大利益大区域（采取"重点管理"策略）。

【问题 2】参考答案

管理沟通的输出有项目沟通记录、项目管理计划更新、项目文件更新和组织过程资产更新。

【问题 3】参考答案

（1）√。

（2）×。干系人参与水平可分为不了解型、抵制型、支持型、中立型和领导型。

（3）×。文件分析不适用于识别干系人过程。

（4）√。

（5）×。监督干系人参与过程中，政策意识有助于理解组织战略，理解谁能行使权力和施加影响，以及培养与这些干系人沟通的能力。

（6）√。

试题四　参考答案/试题解析

【问题 1】参考答案

（1）项目建议与立项申请、初步可行性研究、详细可行性研究、项目评估与决策是项目投资前期的 4 个阶段。

（2）项目建议书应该包括的核心内容有：①项目的必要性；②项目的市场预测；③项目预期成果（如产品方案或服务）的市场预测；④项目建设必需的条件。

试题解析

（1）本题的实质考查的是"项目的立项管理"分为哪几个阶段，它是从"项目建议"开始，到"项目决策"结束。如果立项成功，后面才会出现 "项目管理"。

（2）项目建议书是立项阶段的基本资料，核心意思是要表达：有必要上，上了能赚，有条件上。

【问题 2】参考答案/试题解析

（1）A；（2）C、E。

【问题 3】

（1）×。辅助（功能）研究包括项目的一个或几个方面，但不是所有方面。

（2）×。详细可行性研究应遵循的原则包括科学性原则、客观性原则和公正性原则。

（3）√。

系统集成项目管理工程师机考试卷 第 3 套
基础知识

- 信息的质量属性中，___(1)___指信息的来源、采集方法、传输过程是可以信任的，符合预期。
  （1）A. 精确性　　　　　B. 完整性　　　　　C. 可验证性　　　　　D. 可靠性
- 信息化的内涵不包括___(2)___。
  （2）A. 信息网络体系　　B. 信息基础设施　　C. 社会运行环境　　　D. 效用积累过程
- 新型基础设施主要包括信息基础设施、融合基础设施、创新基础设施，下列___(3)___属于信息基础设施。
  ①通信网络基础设施　②科教基础设施　③新技术基础设施　④算力基础设施
  （3）A. ①②③　　　　　B. ①②④　　　　　C. ①③④　　　　　D. ②③④
- 某企业能应用信息技术手段对核心装备和业务活动等进行改造和规范，实现单一业务活动的数据共享，根据《智能制造能力成熟度模型》（GB/T 39116）级别划分，该企业制造能力成熟度达到了___(4)___。
  （4）A. 一级　　　　　　B. 二级　　　　　　C. 三级　　　　　　D. 四级
- 在网络互连设备中，___(5)___的功能是通过逻辑地址进行网络之间的信息转发，可完成异构网络之间的互联互通，只能连接使用相同网络层协议的子网。
  （5）A. 三层交换机　　　B. 网桥　　　　　　C. 路由器　　　　　　D. 网关
- 下列有关加密和解密的描述，不正确的是___(6)___。
  （6）A. 对称加密技术加密和解密使用相同的密钥
  　　　B. 利用 RSA 密码可以同时实现数字签名和数据加密
  　　　C. Hash 函数将任意长的报文 M 映射为定长的 Hash 码，具有错误检测能力
  　　　D. 加密用以确保报文发送者和接收者的真实性以及报文的完整性，阻止对手的主动攻击
- 区块链的特征不包括___(7)___。
  （7）A. 单中心化　　　　B. 多方维护　　　　C. 智能合约　　　　　D. 安全可信
- 在物联网技术中，___(8)___技术让物品能够"开口说话"。
  （8）A. RFID　　　　　　B. 微机电系统　　　C. 应用系统框架　　　D. 中间件
- IT 服务的产业化进程中，IT 服务演进过程为___(9)___。
  （9）A. 产品服务化—服务标准化—服务产品化
  　　　B. 产品服务化—服务产品化—服务标准化
  　　　C. 服务标准化—产品服务化—服务产品化
  　　　D. 服务标准化—服务产品化—产品服务化

● ITSS 定义了 IT 服务由人员、过程、技术和资源组成，其中，__(10)__ 要素确保 IT 服务供方能 "高效做事"。

(10) A．人员　　　　　B．过程　　　　　C．技术　　　　　D．资源

● 信息系统体系架构总体参考框架组成部分不包括 __(11)__ 。

(11) A．战略系统　　　B．业务系统　　　C．操作系统　　　D．应用系统

● 小李正进行某公司信息系统的网络架构设计，其应遵循的原则一般不包括 __(12)__ 。

(12) A．高可靠性　　　　　　　　　　B．高安全性
　　　C．平台化和架构化　　　　　　　D．高利用率

● 在面向对象设计中，类可分为 __(13)__ 。

(13) A．实体类、控制类和边界类　　　　B．实体类、非实体类和控制类
　　　C．实体类、非实体类和边界类　　　D．实体类、接口类和边界类

● __(14)__ 的目的是测试软件变更之后，变更部分的正确性和对变更需求的符合性，以及软件原有的、正确的功能、性能和其他规定的要求的不损害性。

(14) A．单元测试　　　B．确认测试　　　C．集成测试　　　D．回归测试

● 数据预处理一般采用数据清洗的方法来实现，一般包括 __(15)__ 步骤。

(15) A．数据收集、数据检测和数据分析　　B．数据收集、数据分析和数据修正
　　　C．数据收集、数据检测和数据修正　　D．数据分析、数据检测和数据修正

● 数据脱敏通常需要遵循一系列的原则，其中不包括 __(16)__ 。

(16) A．算法可逆原则　　　　　　　　B．保持数据特征原则
　　　C．保留引用完整性原则　　　　　D．脱敏结果可重复原则

● 目前，我国在信息系统建设和信创产业发展方面也取得了巨大成绩，积累了宝贵经验。信创的相关集成相对于传统系统集成来说，需要关注的方面不包括 __(17)__ 。

(17) A．一方面充分把握好技术与产品的选型，另一方面基于技术与产品的生命周期情况，与对应的应用场景做好匹配融合
　　　B．更加注重安全，可忽略一些经济和社会效益
　　　C．集成服务组织要充分理解并认知到信创技术产品标准化程度的困扰
　　　D．在面向场景化应用中，可以充分调动技术与产品厂商，进行场景化技术与产品创新

● 业务应用集成可以给组织带来重要优势不包括 __(18)__ 。

(18) A．提高敏捷性和效率　　　　　　B．简化软件使用
　　　C．优化业务流程　　　　　　　　D．降低风险

● 在安全机制中，__(19)__ 包括网络系统安全性监测、定期检查和评估等。

(19) A．平台安全　　　B．管理安全　　　C．授权和审计安全　　D．运行安全

● ISSE 将信息安全系统工程实施过程分解为 __(20)__ 三个基本的部分。

(20) A．工程过程、风险过程和保证过程　　B．工程过程、风险过程和支持过程
　　　C．工程过程、保证过程和支持过程　　D．风险过程、保证过程和支持过程

● SDN 的整体架构 __(21)__ 分为数据平面、控制平面和应用平面。

(21) A．由南向北　　　B．由北向南　　　C．由东向西　　　D．由西向东

● 服务具有 __(22)__ 这一特性，该特性表明需方只有参与到服务的生产过程中才能享受到服务。

(22) A. 无形性　　　　　B. 不可分离性　　　　C. 可变性　　　　　D. 不可储存性

● 在多层 C/S 结构中，下列 __(23)__ 不是中间件层要完成的工作。

(23) A. 提高系统可伸缩性，增加并发性能

　　　B. 完成请求转发或一些与应用逻辑相关的处理

　　　C. 增加数据通信的可靠性

　　　D. 增加数据安全性

● 云原生架构原则包括 __(24)__ 。

(24) A. 弹性原则、可预测原则、所有过程自动化原则、零信任原则、架构持续演进原则

　　　B. 服务化原则、弹性原则、所有过程自动化原则、信任原则、架构持续演进原则

　　　C. 服务化原则、弹性原则、可观测原则、韧性原则、所有过程自动化原则、零信任原则、架构持续演进原则

　　　D. 服务化原则、弹性原则、可预测原则、韧性原则、信任原则、架构持续演进原则

● 下列 __(25)__ 不属于存储集成过程中常见的考虑因素。

(25) A. 磁盘阵列空间和类型　　　　　　B. RAID 控制器结构

　　　C. 存储产品供应商的品牌　　　　　D. IOPS 读写性能和数据传输能力

● 下列有关项目成功标准的描述，不正确的是 __(26)__ 。

(26) A. 明确记录项目目标并选择可测量的目标是项目成功的关键

　　　B. 项目成功可能涉及与组织战略和业务成果交付相关的标准与目标

　　　C. 一个项目如果从范围、进度、预算来看是成功的，则从业务角度来看也是成功的

　　　D. 如果项目能够与组织的战略方向持续保持一致，项目成功的概率就会显著提高

● 从组织角度看，__(27)__ 注重于"做正确的事"。

(27) A. 项目管理　　　B. 项目集管理　　　C. 项目组合管理　　　D. 日常运营管理

● __(28)__ 直接管理和控制项目，项目经理由 PMO 指定并向其报告。

(28) A. 支持型　　　　　B. 控制型　　　　　C. 领导型　　　　　D. 指令型

● 关于项目生命周期特征的描述，不正确的是 __(29)__ 。

(29) A. 成本与人力投入在开始时较低

　　　B. 变更的代价随着项目的执行越来越小

　　　C. 风险和不确定性在项目开始时最大，并随项目进展而逐步降低

　　　D. 项目生命周期中投入人力是有变化的

● 项目建议书的核心内容不包括 __(30)__ 。

(30) A. 项目的必要性　　　　　　　　　B. 项目预期成果的市场预测

　　　C. 项目的收益预测　　　　　　　　D. 项目建设必需的条件

● 下列有关可行性研究的描述，不正确的是 __(31)__ 。

(31) A. 初步可行性研究的结果及研究的主要内容基本与详细可行性研究相同

　　　B. 详细可行性研究应遵循科学性、客观性、公开性原则

　　　C. 详细可行性研究的方法包括经济评价法、市场预测法、投资估算法和增量净效益法等

　　D．辅助（功能）研究包括项目的一个或几个方面，但不是所有方面

● 下列有关项目管理过程组的描述，不正确的是　(32)　。

　　(32) A．项目管理过程组是对项目管理过程进行的逻辑上的分组

　　　　　B．项目管理过程组和项目阶段是不同的概念

　　　　　C．项目过程组常以一个或多个可交付成果的完成为结束的标志

　　　　　D．过程组中的各个过程会在每个阶段按需要重复开展，直到达到该阶段的完工标准

● 价值交付系统不包括　(33)　。

　　(33) A．项目如何创造价值　　　　　　B．价值交付组件

　　　　　C．信息流　　　　　　　　　　　D．价值交付流程

● 下列有关制定项目章程的相关描述，不正确的是　(34)　。

　　(34) A．项目章程不能当作合同

　　　　　B．项目经理越早确认并任命越好，最好在制定项目章程时就任命

　　　　　C．项目章程一旦被批准，就标志着项目的正式启动

　　　　　D．项目由项目经理来启动

● 　(35)　通过评估干系人的权力、紧迫性和合法性，对干系人进行分类。

　　(35) A．作用影响方格　　　　　　　　B．干系人立方体

　　　　　C．凸显模型　　　　　　　　　　D．优先级排序

● 下列　(36)　不属于项目管理计划组件。

　　(36) A．项目进度计划　　　　　　　　B．开发方法

　　　　　C．项目生命周期　　　　　　　　D．范围基准

● 　(37)　是用于促进头脑风暴的一种技术，通过投票排列找出最有用的创意，以便进一步开展头脑风暴或优先排序。

　　(37) A．焦点小组　　　B．名义小组　　　C．引导式研讨会　　　D．亲和图

● 详细的项目范围说明书的内容不包括　(38)　。

　　(38) A．项目范围描述　　B．可交付成果　　C．验收标准　　　D．项目的除外责任

● 下列有关 WBS 分解的描述，不正确的是　(39)　。

　　(39) A．WBS 中的元素可由多人共同负责

　　　　　B．WBS 应包括项目管理工作和分包出去的工作

　　　　　C．一个工作单元只能从属于某个上层单元，避免交叉从属

　　　　　D．WBS 必须是面向可交付成果的

● 只有完成文件的编写（紧前活动），才能完成文件的编辑（紧后活动），它们之间的关系类型可用前导图法中的　(40)　来描述。

　　(40) A．完成到开始　　　B．完成到完成　　　C．开始到开始　　　D．开始到完成

● 下列关于制订进度计划的描述中，不正确的是　(41)　。

　　(41) A．如果共享资源或关键资源只在特定时间可用，数量有限，就需要进行资源平衡

　　　　　B．资源平衡一般会导致关键路径改变

　　　　　C．资源平滑技术可以实现所有资源的优化

D. 资源平滑不会改变项目的关键路径，完工日期也不会延迟

● 下列有关成本基准和项目资金需求的描述，不正确的是___(42)___。

（42）A. 成本基准是经过批准的、按时间段分配的项目预算，包括管理储备

B. 成本基准中包括预计支出及预计债务

C. 成本基准要通过正式的变更控制程序才能变更

D. 项目资金通常以增量的方式投入，并且可能是非均衡的

● 在 RACI 矩阵中，A 代表___(43)___。

（43）A. 执行　　　　　B. 负责　　　　　C. 咨询　　　　　D. 知情

● 语音邮件、博客、新闻稿属于___(44)___沟通方法。

（44）A. 拉式沟通　　　　　　　　　B. 推式沟通

C. 互动沟通　　　　　　　　　D. 非正式沟通

● 当完成识别风险过程时，风险登记册的内容不包括___(45)___。

（45）A. 已识别风险的清单　　　　　B. 已识别风险的优先级

C. 潜在风险责任人　　　　　　D. 潜在风险应对措施清单

● 敏感性分析是___(46)___过程的工具与技术。

（46）A. 风险识别　　　　　　　　　B. 实施定性风险分析

C. 实施定量风险分析　　　　　D. 规划风险应对

● 订立项目分包合同必须同时满足的条件为___(47)___。

①经过买方认可；②分包的部分必须是项目非主体工作；③只能分包部分项目，而不能转包整个项目；④分包方必须具备相应的资质条件；⑤分包方必须有相应的项目经验；⑥分包方不能再次分包。

（47）A. ①②③④⑤　　B. ①②④⑤⑥　　C. ②③④⑤⑥　　D. ①②③④⑥

● ___(48)___是为了修正不一致产品或产品组件进行的有目的的活动。

（48）A. 纠正措施　　　B. 预防措施　　　C. 缺陷补救　　　D. 更新

● 知识管理过程通常包括___(49)___。

①知识获取与集成；②知识分享；③知识转移与应用；④知识再生；⑤知识管理审计；⑥知识组织与存储。

（49）A. ①②③④⑥　　B. ①②③⑤⑥　　C. ②③④⑤⑥　　D. ①③④⑤⑥

● 评价团队有效性的指标不包括___(50)___。

（50）A. 个人技能的改进　　　　　　B. 团队能力的改进

C. 团队冲突的减少　　　　　　D. 团队凝聚力的加强

● 可实现团队高效运行的行为不包括___(51)___。

（51）A. 使用开放与有效的沟通　　　B. 高频率开展团队活动

C. 建立团队成员间的信任　　　D. 鼓励合作型的决策方法

● 团队管理的输入不包括___(52)___。

（52）A. 团队绩效评价　　　　　　　B. 问题日志

C. 工作绩效数据　　　　　　　D. 工作绩效报告

- 常用的评标方法不包括 __(53)__ 。
  (53) A. 加权打分法　　　B. 低价中标法　　　C. 筛选系统　　　D. 独立估算
- 在敏捷或适应型项目中，控制质量活动可能由 __(54)__ 在 __(54)__ 中执行。
  (54) A. 所有团队成员　整个项目生命周期　　B. 特定团队成员　整个项目生命周期
  　　　C. 所有团队成员　特定时间点　　　　　D. 特定团队成员　特定时间点
- 下列有关确认范围的描述，不正确的是 __(55)__ 。
  (55) A. 确认范围过程的主要作用之一是使验收过程具有客观性
  　　　B. 确认范围应根据需要在整个项目期间定期开展
  　　　C. 确认范围交付成果的正确性及是否满足质量要求
  　　　D. 控制质量过程通常先于确认范围过程，但二者也可同时进行
- 某项目的网络图如下，活动 C 的自由浮动时间为 __(56)__ 天。

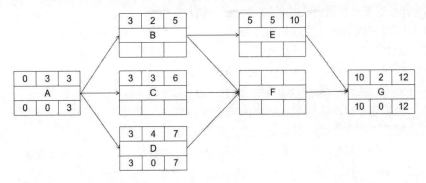

  (56) A. 0　　　　　　　　B. 1　　　　　　　　C. 2　　　　　　　　D. 3
- 某项目按工作量平均分配到 5 个月完成，每月成本相同。项目管理储备 10 万元。在项目进行到第 3 个月末时，项目实际花费为 BAC 的 70%，完成总工作量的 60%，如果不加以纠偏，根据当前进度，项目完工估算为 210 万元，则项目总预算为 __(57)__ 万元。
  (57) A. 180　　　　　　　B. 190　　　　　　　C. 200　　　　　　　D. 210
- 控制资源是确保按计划为项目分配实物资源，以及根据资源使用计划监督资源实际使用情况，并采取必要 __(58)__ 的过程。
  (58) A. 纠正措施　　　　B. 预防措施　　　　C. 缺陷补救　　　　D. 控制措施
- 下列有关风险审计的描述，不正确的是 __(59)__ 。
  (59) A. 风险审计可用于评估风险管理过程的有效性
  　　　B. 质量管理员负责确保按项目风险管理计划所规定的频率开展风险审计
  　　　C. 风险审计可以在日常项目审查会上开展，也可以在风险审查会上开展
  　　　D. 在实施审计前，应明确定义风险审计的程序和目标
- 下列有关控制采购的描述，不正确的是 __(60)__ 。
  (60) A. 控制采购包含关闭合同
  　　　B. 控制采购过程的主要作用是确保买卖双方履行法律协议，满足项目需求
  　　　C. 控制采购只需买方进行

D. 在控制采购过程中，需要开展财务管理工作

● 监控项目工作包括监督和控制活动，其中不属于控制活动的是 ___(61)___ 。

(61) A. 采用赶工的方式追赶进度，确保项目进度符合计划

B. 根据绩效测量结果，进行项目完工估算

C. 进行质量检查，确保满足质量要求

D. 根据批准的变更请求，调整项目基准

● 变更控制工具需要支持的变更管理活动包括 ___(62)___ 。

①识别变更 ②提出变更 ③记录变更 ④做出变更决定 ⑤跟踪变更

(62) A. ①②③④ B. ①②③⑤ C. ①②④⑤ D. ①③④⑤

● 系统集成项目在验收阶段的主要工作内容一般不包括 ___(63)___ 。

(63) A. 验收测试 B. 系统试运行 C. 系统维护 D. 项目终验

● 下列有关信息系统开发项目文档的描述，正确的是 ___(64)___ 。

(64) A. 开发文档描述开发过程的产物 B. 开发团队的职责定义属于管理文档

C. 配置管理计划属于开发文档 D. 功能规格说明属于产品文档

● 下列有关配置版本号的描述，正确的是 ___(65)___ 。

(65) A. 处于"正式"状态的配置项的版本号格式为 X.YZ。

B. 状态为"修改"的配置项修改完毕时，其状态变为"正式"

C. 配置项刚建立时，其状态为"正式"

D. 状态为"草稿"的配置项，修改后未通过评审前，其状态仍为"草稿"

● 下列有关配置库的描述，不正确的是 ___(66)___ 。

(66) A. 受控库无须对其进行配置控制

B. 受控库包含当前的基线加上对基线的变更

C. 动态库是开发人员的个人工作区，由开发人员自行控制

D. 产品库包含已发布使用的各种基线的存档

● 关于变更管理工作程序，正确的步骤是 ___(67)___ 。

①变更实施监控与效果评估 ②发出通知并实施 ③变更申请

④对变更的初审和方案论证 ⑤变更审查

(67) A. ③⑤④②① B. ③④②①⑤

C. ③④⑤②① D. ③④②⑤①

● 监理活动的基础内容被概括为"三控、两管、一协调"，其中"三控"不包括 ___(68)___

(68) A. 信息系统工程质量控制 B. 信息系统工程进度控制

C. 信息系统工程变更控制 D. 信息系统工程投资控制

● ___(69)___ 不属于规划阶段监理服务的基础活动。

(69) A. 协助业主单位构建信息系统架构

B. 对项目需求、项目计划和初步设计方案进行审查

C. 可为业主单位提供项目规划设计的相关服务，为业主单位决策提供依据

D. 在业主单位授权下，参与招标文件的编制，并对招标文件的内容提出监理意见

● 在信息技术服务方面，标准可分为　（70）　个类别。

（70）A. 五　　　　　　B. 六　　　　　　C. 七　　　　　　D. 八

● Cloud computing is a type of Internet-based computing that provides shared computer processing resources and data to computers and other devices on demand. Advocates claim that cloud computing allows companies to avoid up-front infrastructure costs. Cloud computing now has few service form，but it is not including　（71）　.

（71）A. IaaS　　　　　B. PaaS　　　　　C. SaaS　　　　　D. DaaS

● 　（72）　mining user behavior from a large amount of data, transmitting it back to the business domain, supporting more accurate social marketing and advertising, can increase business revenue and promote business development.

（72）A. Big data　　　　　　　　　B. Block chain

　　　C. Internet of things　　　　　D. Artificial intelligence

● 　（73）　includes infrastructure entity security, platform security, data security, communication security, application security, operation security，management security, authorization and audit security, security prevention system, etc..

（73）A. Security mechanism　　　　B. Security services

　　　C. Security technology　　　　D. Security precautions

● Project　（74）　is to ensure timely completion of the project and manage the various processes required for the project.

（74）A. Integration Management　　B. Schedule Management

　　　C. Cost Management　　　　　D. Resource Management

● The main function of the　（75）　process is to describe the boundaries and acceptance criteria of a product, service, or outcome.

（75）A. plan scope management　　B. define scope

　　　C. validate scope　　　　　　D. control scope

系统集成项目管理工程师机考试卷 第3套
应用技术

试题一（19分）

阅读下列说明，回答【问题1】至【问题3】，将解答填入答题区的对应栏内。

【说明】2020年A公司承接某市工委"智慧党建"信息系统项目，以适应在新形势下积极运用互联网+、大数据等新技术，创新党组织活动内容、方式。双方签订了项目合同，项目建设内容包括党建业务、党员在线学习、在线考试、信息发布等功能于一体的"智慧党建"平台软件开发和配套的党建智能一体机、电脑等设备的采购、安装和调试。

为做好采购管理工作，项目经理小张编制了采购管理计划和采购工作说明书，在采购工作说明书中明确了需要采购设备的数量和交付时间。拟定采用公开招标的方式进行党建智能一体机采购，采用询价的方式进行电脑设备采购。随后小张组织了党建智能一体机招标工作，为节约成本，项目经理小张在竞标的几个供应商里选择了报价最低的B公司作为中标商，在征得该市工委同意后，A公司和B公司签订了党建智能一体机采购合同。项目启动后，前期工作进展顺利，临近交货日期，B公司提出，因为A公司未按合同及时支付货款订金，且最近公司订单太多，只能按时交付80%的货物，经过多次沟通，B公司才答应按时全部交货，产品进入现场后，在安装过程中发现部分党建智能一体机屏幕破损以及开机无法通电等，小张与B公司交涉多次，相关问题都没有得到解决，甲方很不满意。

【问题1】（8分）

结合案例，从采购管理的角度，指出该项目存在的问题。

【问题2】（6分）

结合案例，说明在规划采购过程、实施采购过程、控制采购过程小张分别进行了哪些工作。

【问题3】（5分）

请将下列（1）～（5）处的答案填写在答题区的对应栏内。

以项目范围为标准进行划分，可以将合同分为项目 __(1)__ 、项目 __(2)__ 和项目 __(3)__ 3类。其中，某市工委与A公司签订的是 __(4)__ 合同，A公司与B公司签订的是 __(5)__ 合同。

试题二（21分）

阅读下列说明，回答【问题1】至【问题4】，将解答填入答题区的对应栏内。

【说明】某项目活动信息如下表所示：

活动	紧前活动	工期/天
A	—	(3, 4, 5)
B	—	(1, 3, 5)
C	A、B	(5, 8, 17)
D	A、B	(6, 7, 8)
E	C、D	2
F	E	4

项目预算按天核定，任何活动每天的成本为 2 万元。项目经理在第 10 天结束后进行绩效测量，项目总花费为 35 万元，此时各活动完成情况为：A 活动和 B 活动均已完工，C 活动完成了三分之二，D 活动完成了一半，E 活动和 F 活动尚未开工。

【问题 1】（8 分）
计算项目 A、B、C、D 活动的工期，以及项目关键路径，总工期。

【问题 2】（4 分）
如果活动 D 拖延 3 天，项目的总工期是否发生变化？关键路径和总工期如何变化？

【问题 3】（6 分）
请判断项目第 10 天结束时项目的绩效情况（结果保留两位小数）。

【问题 4】（3 分）
项目产生的偏差是一种临时性的偏差，请预测项目的完工成本 EAC。

试题三（19 分）

阅读下列说明，回答【问题 1】至【问题 3】，将解答填入答题区的对应栏内。

【说明】某信息系统集成公司承接了某银行冠字号管理系统开发集成项目，任命小王为项目经理。

在启动阶段，小王根据合同中的相关条款，编制并发布了项目章程，在项目章程中，明确了项目共投资 692 万元，建设工期为 9 个月。建设内容包括该行冠字号管理系统中心端、采集端、应用系统的开发集成，其目标是实现该银行所有网点流通现钞冠字号码采集与管理，并与人民银行反假币中心相联，对假币、异常号码币实施全面跟踪和监控，以降低假币流通的风险。小王宣布正式启动项目，随后小王进行了干系人识别，识别出本项目的干系人有双方高层、银行方科技中心负责人以及公司的职能部门负责人、团队成员。

【问题 1】（10 分）
结合案例，请指出该项目在启动阶段中存在的问题。

【问题 2】（4 分）
结合案例，请补充识别出本项目的干系人还有哪些。

【问题 3】（5 分）
基于案例，请判断以下描述是否正确（填写在答题区的对应栏内，正确的选项填写"√"，不正确的选项填写"×"）：

（1）项目启动会由发起人组织负责组织和召开。 （ ）

（2）项目章程的发布标志着项目的正式启动。 （ ）

（3）项目的干识人识别只需在项目启动阶段进行。 （ ）

（4）应在规划开始之前任命项目经理，项目经理越早确认并任命越好。 （ ）

（5）干系人登记册记录关于已识别干系人的信息，主要包括身份信息、评估信息和干系人分类等。 （ ）

试题四（16分）

阅读下列说明，回答【问题1】至【问题3】，将解答填入答题区的对应栏内。

【说明】某景区的智慧安防信息管理系统项目，计划采用 ARM 架构 CPU 芯片的通用服务器，搭载适合神经网络计算的 NPU 芯片人工智能算力卡，使用高性能计算存储架构及零信任通信加密技术，支撑景区内 300 路高清摄像头的监控运行。同时开发人工智能算法，对景区周界入侵、未授权人员出入、烟雾火情等不安全情形进行主动报警。报警信息在智慧安防监控平台的驾驶舱界面予以实时展现，并通过加密无线网络实时发送到相关负责人的移动终端等。

项目经理根据项目章程，参考历史类似项目资料、安防行业标准、信创解决方案及 AI 技术趋势，直接明确了项目全部范围，并形成了项目范围说明书。

【问题1】（6分）

说明中，第一段描述的内容属于规划过程组中的什么规划？请说明该规划所属知识域包括哪些规划过程。

【问题2】（6分）

说明中，根据第二段的描述，该项目经理的管理存在哪些问题？如何改正？

【问题3】（4分）

请简述详细范围说明书的主要内容。

系统集成项目管理工程师机考试卷 第3套

基础知识参考答案/试题解析

（1）参考答案：D

🖋️**试题解析** 信息的质量属性包括精确性、完整性、可靠性、及时性、经济性、可验证性、安全性。

精确性指对事物状态描述的精准程度。完整性指对事物状态描述的全面程度，完整信息应包括所有重要事实。<u>可靠性指信息的来源、采集方法、传输过程是可以信任的，符合预期</u>。及时性指获得信息的时刻与事件发生时刻的间隔长短，间隔越短信息价值越高。经济性指信息获取、传输带来的成本在可以接受的范围之内。可验证性指信息的主要质量属性可以被证实或者证伪的程度。安全性指在信息的生命周期中，信息可以被非授权访问的可能性，可能性越低，安全性越高。

（2）参考答案：B

🖋️**试题解析** 信息化的内涵主要包括四层含义。

<u>信息网络体系</u>：包括信息资源、各种信息系统和公用通信网络平台等。

<u>信息产业基础</u>：包括信息科学技术研究与开发、信息装备制造和信息咨询服务等。

<u>社会运行环境</u>：包括现代工农业、管理体制、政策法律、规章制度、文化教育和道德观念等生产关系与上层建筑。

<u>效用积累过程</u>：包括劳动者素质、国家现代化水平和人民生活质量的不断提高，物质文明和精神文明建设的不断进步等。

（3）参考答案：C

🖋️**试题解析** 新型基础设施主要包括信息基础设施、融合基础设施、创新基础设施。

信息基础设施主要指基于新一代信息技术演化生成的基础设施。信息基础设施包括：①以5G、物联网、工业互联网、卫星互联网为代表的<u>通信网络基础设施</u>；②以人工智能、云计算、区块链等为代表的<u>新技术基础设施</u>；③以数据中心、智能计算中心为代表的<u>算力基础设施</u>等。信息基础设施凸显"技术新"。

融合基础设施主要指深度应用互联网、大数据、人工智能等技术，支撑传统基础设施转型升级，进而形成的融合基础设施。融合基础设施包括智能交通基础设施和智慧能源基础设施等。融合基础设施重在"应用新"。

创新基础设施主要指支撑科学研究、技术开发、产品研制的具有公益属性的基础设施。创新基础设施包括重大科技基础设施、科教基础设施、产业技术创新基础设施等。创新基础设施强调"平台新"。

（4）参考答案：B

🔖**试题解析**　《智能制造能力成熟度模型》（GB/T 39116）规定了企业智能制造能力在不同阶段应达到的水平。成熟度等级分为五个等级，自低向高分别是一级（规划级）、二级（规范级）、三级（集成级）、四级（优化级）和五级（引领级）。

一级（规划级）：企业应开始对实施智能制造的基础和条件进行规划，能够对核心业务活动（设计、生产、物流、销售、服务）进行流程化管理。

<u>二级（规范级）：企业应采用自动化技术、信息技术手段对核心装备和业务活动等进行改造和规范，实现单一业务活动的数据共享。</u>

三级（集成级）：企业应对装备、系统等开展集成，实现跨业务活动间的数据共享。

四级（优化级）：企业应对人员、资源、制造等进行数据挖掘，形成知识、模型等，实现对核心业务活动的精准预测和优化。

五级（引领级）：企业应基于模型持续驱动业务活动的优化和创新，实现产业链协同并衍生新的制造模式和商业模式。

（5）**参考答案：C**

🔖**试题解析**　主要互连设备的工作层次及功能描述见下表。

互连设备	工作层次	主要功能
中继器	物理层	对接收的信号进行再生和发送，只起到扩展传输距离的作用，其对高层协议是透明的，但使用个数有限（例如，在以太网中只能使用 4 个）
网桥	数据链路层	根据帧物理地址进行网络之间的信息转发，可缓解网络通信繁忙度，提高效率。只能够连接相同 MAC 层的网络
<u>路由器</u>	网络层	<u>通过逻辑地址进行网络之间的信息转发，可完成异构网络之间的互联互通，只能连接使用相同网络层协议的子网</u>
网关	高层（第 4～7 层）	最复杂的网络互联设备，用于连接网络层以上执行不同协议的子网
集线器	物理层	多端口中继器
二层交换机	数据链路层	是指传统意义上的交换机或多端口网桥
三层交换机	网络层	带路由功能的二层交换机
多层交换机	高层（第 4～7 层）	带协议转换的交换机

（6）**参考答案：D**

🔖**试题解析**　对称加密采用了对称密码编码技术，特点是文件加密和解密使用相同的密钥，即加密密钥也可以用作解密密钥。

公开密钥密码的基本思想是将传统密码的密钥 K 一分为二，分为加密密钥 K_e 和解密密钥 K_d，用加密密钥 K_e 控制加密，用解密密钥 K_d 控制解密，由于加密密码与解密密码不同，因此也称非对称密码技术。RSA 密码既可用于加密，又可用于数字签名，已成为目前应用最广泛的公开密钥密码。

使用 Hash 函数，可将任意长的报文 M 映射为定长的 Hash 码，也称报文摘要。信息以明文发送，摘要以密文发送，接收方收到信息明文后使用同样的 Hash 函数提取摘要，与自己所解密的摘要进行比较，如果两份摘要不同，则说明报文被篡改过。因此说，Hash 函数具有错误检测能力。

数字签名是证明当事者的身份真实性和数据真实性的一种技术。发送信息时，系统提取该信息的摘要，该摘要经过签名者的私钥加密，形成了发送者身份与该信息的绑定。

认证（Authentication）又称鉴别或确认，它是证实某事是否名副其实或是否有效的一个过程。认证和加密的区别在于：加密用以确保数据的保密性，阻止对手的被动攻击，如截取、窃听等；而认证用以确保报文发送者和接收者的真实性以及报文的完整性，阻止对手的主动攻击，如冒充、篡改、重播等。

（7）**参考答案**：A

试题解析　一般来说，区块链具有特征有：去中心化；多方维护；时序数据；智能合约；不可篡改；开放共识；安全可信。

（8）**参考答案**：A

试题解析　射频识别技术（Radio Frequency Identification，RFID）是物联网中使用的一种传感器技术，其基本原理是通过无线电信号识别特定目标并与之进行通信，这就相当于让物品能够"开口说话"。这就赋予了物联网一个特性——可跟踪性，即可以随时掌握物品的准确位置及其周边环境。

（9）**参考答案**：A

试题解析　IT 服务的产业化进程分为产品服务化、服务标准化和服务产品化 3 个阶段。

（10）**参考答案**：C

试题解析　ITSS 定义了 IT 服务由人员、过程、技术和资源组成，并对这些服务的组成要素进行标准化。技术是指交付满足质量要求的 IT 服务应使用的技术或应具备的技术能力，以及提供 IT 服务所必需的分析方法、架构和步骤。技术要素确保 IT 服务提供方能"高效做事"，是提高 IT 服务质量方面重点考虑的要素，应通过自有核心技术的研发和非自有核心技术的学习借鉴，持续提升提供服务过程中发现问题和解决问题的能力。

（11）**参考答案**：C

试题解析　信息系统体系架构总体参考框架由 4 个部分组成，即战略系统、业务系统、应用系统和信息基础设施。

（12）**参考答案**：D

试题解析　网络作为整个基础架构的基础，其设计原则包括：高可靠性，高安全性，高性能，可管理性，平台化和架构化。利用率高低与网络架构设计无关。

（13）**参考答案**：A

试题解析　在 OOD 中，类可以分为 3 种类型：实体类（各种持久化信息）、控制类（复杂计算或算法）和边界类（窗体报表接口等）。

（14）**参考答案**：D

试题解析　回归测试的目的是测试软件变更之后，变更部分的正确性和对变更需求的符合性，以及软件原有的、正确的功能、性能和其他规定的要求的不损害性。

（15）**参考答案**：D

试题解析 数据预处理是一个去除数据集重复记录，发现并纠正数据错误，并将数据转换成符合标准的过程，从而使数据实现准确性、完整性、一致性、唯一性、适时性、有效性等。一般来说，数据预处理主要包括<u>数据分析、数据检测和数据修正</u>3个步骤。

（16）**参考答案：A**

试题解析 数据脱敏通常需要遵循一系列原则，从而确保组织开展数据活动以及参与这些活动的人员能够在原则的指引下，实施相关工作。数据脱敏原则主要包括算法不可逆原则、<u>保持数据特征原则</u>、保留引用完整性原则、规避融合风险原则、脱敏过程自动化原则和<u>脱敏结果可重复原则</u>等。

（17）**参考答案：B**

试题解析 信创（信息技术应用创新）的相关集成相对于传统系统集成来说，需要关注以下几方面：①由于技术与产品创新或原创较多，每种技术与产品所处的成熟度不同，<u>这就需要集成服务商一方面充分把握好技术与产品的选型，另一方面基于技术与产品的生命周期情况，与对应的应用场景做好匹配融合</u>；②信创技术产品往往迭代周期比较快，也会带来标准化程度困扰，这就需要集成服务组织充分理解并认知到这个问题，基于场景化需求程度、层次等的不同，合理使用处于快速迭代期的信创技术与产品；③信创技术与产品因为具有较强的自主可控能力，因此<u>在面向场景化应用中，可以充分调动技术与产品厂商，进行场景化技术与产品创新，从而获得更好的经济与社会效益，并进一步驱动信创技术与产品发展</u>。

（18）**参考答案：D**

试题解析 业务应用集成可以给组织带来重要优势，主要包括共享信息、<u>提高敏捷性和效率</u>、<u>简化软件使用</u>、降低 IT 投资和成本、<u>优化业务流程</u>。

（19）**参考答案：D**

试题解析 <u>运行安全</u>主要包括应急处置机制和配套服务、网络系统安全性监测、网络安全产品运行监测、定期检查和评估、系统升级和补丁提供、跟踪最新安全漏洞及通报、灾难恢复机制与预防、系统改造管理、网络安全专业技术咨询服务等。

（20）**参考答案：A**

试题解析 ISSE（Information Security System Engineering）将信息安全系统工程实施过程分解为<u>工程过程（Engineering Process）、风险过程（Risk Process）和保证过程（Assurance Process）3个基本的部分</u>。

（21）**参考答案：A**

试题解析 <u>SDN 的整体架构由下到上（上北下南）分为数据平面、控制平面和应用平面</u>。其中，数据平面由交换机等网络通用硬件组成，各个网络设备之间通过不同规则形成的 SDN 数据通路连接；控制平面包含了逻辑中心 SDN 控制器，它掌握着全局网络信息，负责各种转发规则的控制；应用平面包含着各种基于 SDN 的网络应用，用户无须关心底层细节就可以编程、部署新应用。

（22）**参考答案：B**

试题解析 服务是一种通过提供必要的手段和方法，满足服务接受者需求的"过程"，其外延是指具备服务本质的一切服务，服务具有以下特征。

无形性：指服务在很大程度上是抽象的和无形的。需方在购买之前一般无法看到、感觉到或触摸到。这一特性使得服务不容易向需方展示或沟通交流，因此需方难以评估其质量。

<u>不可分离性</u>：又叫同步性，指生产和消费是同时进行的，如照相、理发等。<u>这一特性表明，需方只有参与到服务的生产过程中才能享受到服务</u>。这一特性决定了服务质量管理对服务供方的重要性，其服务的态度和水平直接决定了需方对该项服务的满意度。

可变性：也叫异质性，指服务的质量水平会受到相当多因素的影响，因此会经常变化。

不可储存性：不可储存性也叫易逝性、易消失性，指服务无法被储藏起来以备将来使用、转售、延时体验或退货等。

（23）**参考答案**：C

试题解析 多层 C/S 结构一般是指三层以上的结构，在实践中主要是四层，即前台界面（如浏览器）、Web 服务器、中间件（或应用服务器）及数据库服务器。多层客户端/服务器模式主要用于较大规模的组织信息系统建设，其中<u>中间件一层主要完成以下几个方面的工作</u>：提高系统可伸缩性，增加并发性能；<u>专门完成请求转发或一些与应用逻辑相关的处理</u>，具有这种作用的中间件一般可以作为请求代理，也可作为应用服务器；<u>增加数据安全性</u>。

（24）**参考答案**：C

试题解析 云原生架构本身作为一种架构，也有若干架构原则作为应用架构的核心架构控制面，通过遵从这些架构原则可以让技术主管和架构师在做技术选型时不会出现大的偏差。常见的云原生架构原则<u>包括服务化、弹性、可观测、韧性、所有过程自动化、零信任、架构持续演进等原则</u>。

（25）**参考答案**：C

试题解析 存储集成实施通常与服务器集成相辅相成，存储设备集成时要考虑以下因素：①<u>磁盘阵列空间和类型</u>；②配置硬盘的数量；③<u>RAID 控制器结构</u>；④支持 RAID 0、RAID 1、RAID5 或更多类型；⑤<u>IOPS 读写性能和数据传输能力</u>；⑥满足高可靠性，配置冗余热插拔的电源、风扇等。

（26）**参考答案**：C

试题解析 时间、成本、范围和质量等项目管理测量指标历来被视为确定项目是否成功的最重要的因素。确定项目是否成功还应考虑项目目标的实现情况。

明确记录项目目标并选择可测量的目标是项目成功的关键。为了取得项目成功，项目团队必须能够正确评估项目状况，平衡项目要求，并与干系人保持积极沟通。如果项目能够与组织的战略方向持续保持一致，项目成功的概率就会显著提高。

业务需求或市场环境在项目完成之前可能会发生变化，因此有可能<u>一个项目从范围、进度、预算来看是成功的，但从业务角度来看并不成功</u>。

（27）**参考答案**：C

试题解析 从组织的角度看：①项目和项目集管理的重点在于以"正确"的方式开展项目集和项目，即"正确地做事"；②<u>项目组合管理则注重于开展"正确"的项目集和项目，即"做正确的事"</u>。

（28）**参考答案**：D

试题解析 PMO 有几种不同的类型，它们对项目的控制和影响程度各不相同，主要有支持型、控制型和指令型。

支持型 PMO 担当顾问的角色，向项目提供模板、最佳实践、培训，以及来自其他项目的信息和经验教训。这种类型的 PMO 其实就是一个项目资源库，对项目的控制程度很低。

控制型 PMO 不仅给项目提供支持，而且通过各种手段要求项目服从，这种类型的 PMO 对项目的控制程度中等。它可能在以下几个方面向项目提出要求：采用项目管理框架或方法论；使用特定的模板、格式和工具；遵从治理框架。

指令型 PMO 直接管理和控制项目。项目经理由 PMO 指定并向其报告。这种类型的 PMO 对项目的控制程度很高。

（29）参考答案：B

🖋️**试题解析** 通用的生命周期结构具有的特征：①成本与人力投入在开始时较低，在工作执行期间达到最高，并在项目快要结束时迅速回落；②风险与不确定性在项目开始时最大，并在项目的整个生命周期中随着决策的制定与可交付成果的验收而逐步降低，做出变更和纠正错误的成本，随着项目越来越接近完成而显著增高。

（30）参考答案：C

🖋️**试题解析** 项目建议书应该包括的核心内容有：①项目的必要性；②项目的市场预测；③项目预期成果（如产品方案或服务）的市场预测；④项目建设必需的条件。

（31）参考答案：B

🖋️**试题解析** 初步可行性研究的结果及研究的主要内容基本与详细可行性研究相同，所不同的是在占有的资源、研究细节方面有较大差异。可以通过捷径来决定投资支出和生产成本中的次要组成部分，但不能决定其主要组成部分，此时必须把估计项目的主要投资支出和生产成本作为初步可行性研究的一部分。

详细可行性研究应遵循以下原则：科学性原则；客观性原则；公正性原则。

详细可行性研究的方法有很多，包括经济评价法、市场预测法、投资估算法和增量净效益法等。辅助（功能）研究包括项目的一个或几个方面，但不是所有方面，并且只能作为初步可行性研究、详细可行性研究和大规模投资建议的前提或辅助。

（32）参考答案：C

🖋️**试题解析** 项目管理过程组是为了达成项目的特定目标，对项目管理过程进行的逻辑上的分组。需要注意的是，项目管理过程组不同于项目阶段，项目管理过程组是为了管理项目，针对项目管理过程进行的逻辑上的划分；项目阶段是项目从开始到结束所经历的一系列阶段，是一组具有逻辑关系的项目活动的集合，通常以一个或多个可交付成果的完成为结束的标志。

过程组中的各个过程会在每个阶段按需要重复开展，直到达到该阶段的完工标准。在适应型和高度适应型项目中，过程组之间相互作用的方式会有所不同。

（33）参考答案：D

🖋️**试题解析** 价值交付系统描述了项目如何在系统内运作，为组织及其干系人创造价值，包括项目如何创造价值、价值交付组件和信息流。

（34）参考答案：D

🖋️**试题解析** 项目章程在项目执行和项目需求之间建立了联系。通过编制项目章程来确认项目是否符合组织战略和日常运营的需要。项目章程不能当作合同，在执行外部项目时，通常需要用正式的合同来达成合作协议，项目章程用于建立组织内部的合作关系，确保正确交付合同内容。项

第3章

目章程授权项目经理进行项目管理过程中的规划、执行和控制，同时还授权项目经理在项目活动中使用组织资源，因此，应在规划开始之前任命项目经理，项目经理越早确认并任命越好，最好在制定项目章程时就任命。项目章程可由发起人编制，也可由项目经理与发起机构合作编制。通过这种合作，项目经理可以更好地了解项目目的、目标和预期收益，以便更有效地分配项目资源。项目章程一旦被批准，就标志着项目的正式启动。

项目由项目以外的机构来启动，例如发起人、项目集或项目管理办公室（PMO）、项目组合治理委员会主席或其授权代表。项目启动者或发起人应该具有一定的职权，能为项目获取资金并提供资源。

（35）参考答案：C

🔑**试题解析**　凸显模型通过评估干系人的权力（职权级别或对项目成果的影响能力）、紧迫性（因时间约束或干系人对项目成果有重大利益诉求而导致需立即加以关注）和合法性（参与的适当性），对干系人进行分类。

（36）参考答案：A

🔑**试题解析**　项目管理计划组件主要包括子管理计划、基准和其他组件等。

子管理计划：包括范围管理计划、需求管理计划、进度管理计划、成本管理计划、质量管理计划、资源管理计划、沟通管理计划、风险管理计划、采购管理计划、干系人参与计划。

基准：包括范围基准、进度基准和成本基准。

其他组件：虽然在项目管理计划过程中生成的组件会因项目而异，但是通常包括变更管理计划、配置管理计划、绩效测量基准、项目生命周期、开发方法、管理审查。

（37）参考答案：B

🔑**试题解析**　名义小组技术是用于促进头脑风暴的一种技术，通过投票排列找出最有用的创意，以便进一步开展头脑风暴或优先排序。名义小组技术是一种结构化的头脑风暴形式，由以下 4 个步骤组成：①向集体提出一个问题或难题，每个人在沉思后写出自己的想法；②主持人在活动挂图上记录所有人的想法；③集体讨论各个想法，直到全体成员达成一个明确的共识；④个人私下投票表决得出各种想法的优先排序。

（38）参考答案：A

🔑**试题解析**　详细的项目范围说明书包括的内容有产品范围描述、可交付成果、验收标准、项目的除外责任等。

产品范围描述：逐步细化项目章程和需求文件中所述的产品、服务或成果特征。

可交付成果：为完成某一过程、阶段或项目而必须产出的任何独特并可核实的产品、成果或服务能力，可交付成果也包括各种辅助成果，如项目管理报告和文件，对可交付成果的描述可略可详。

验收标准：可交付成果通过验收前必须满足的一系列条件。

项目的除外责任：识别排除在项目之外的内容。明确说明哪些内容不属于项目范围，有助于管理干系人的期望及减少范围蔓延。

（39）参考答案：A

🔑**试题解析**　WBS（Work Breakdown Structure）分解过程中需要注意的事项包括：WBS 必须是面向可交付成果的；WBS 必须符合项目的范围；WBS 的底层应该支持计划和控制；WBS 中的

元素必须有人负责，而且只由一个人负责；WBS 应控制在 4～6 层；WBS 应包括项目管理工作（因为管理是项目具体工作的一部分），也要包括分包出去的工作；WBS 的编制需要所有（主要）项目干系人的参与；WBS 并非一成不变的。

（40）参考答案：B

✐试题解析　前导图中的活动关系类型分为 4 种

完成到开始（Finish to Start, FS）：只有紧前活动完成，紧后活动才能开始的逻辑关系。例如，只有完成装配 PC 硬件（紧前活动），才能开始在 PC 上安装操作系统（紧后活动）。

完成到完成（FF）：只有紧前活动完成，紧后活动才能完成的逻辑关系。例如，只有完成文件的编写（紧前活动），才能完成文件的编辑（紧后活动）。

开始到开始（SS）：只有紧前活动开始，紧后活动才能开始的逻辑关系。例如，只有开始地基浇灌（紧前活动），才能开始混凝土的找平（紧后活动）。

开始到完成（SF）：只有紧前活动开始，紧后活动才能完成的逻辑关系。例如，只有启动新的应付账款系统（紧前活动），才能关闭旧的应付账款系统（紧后活动）。

（41）参考答案：C

✐试题解析　资源优化技术包括资源平衡和资源平滑。

资源平衡是为了在资源需求与资源供给之间取得平衡，根据资源制约因素对开始日期和完成日期进行调整的一种技术。如果共享资源或关键资源只在特定时间可用，数量有限，如一个资源在同一时段内被分配至两个或多个活动，就需要进行资源平衡。也可以为保持资源使用量处于均衡水平而进行资源平衡。资源平衡往往导致关键路径改变。

资源平滑通过对进度模型中的活动进行调整，从而使得项目资源需求不超过预定的资源限制。相对于资源平衡而言，资源平滑不会改变项目的关键路径，完工日期也不会延迟。也就是说，活动只在其自由和总浮动时间内延迟。但资源平滑技术可能无法实现所有资源的优化。

（42）参考答案：A

✐试题解析　成本基准是经过批准的、按时间段分配的项目预算，不包括任何管理储备，只有通过正式的变更控制程序才能变更，用作与实际结果进行比较的依据，成本基准是不同进度活动经批准的预算的总和。

当出现有必要动用管理储备的变更时，则应该在获得变更控制过程的批准之后，把适量的管理储备移入成本基准中。

成本基准中包括预计支出及预计债务。项目资金通常以增量的方式投入，并且可能是非均衡的，如果有管理储备，则总资金需求等于成本基准加管理储备。

（43）参考答案：B

✐试题解析　规划资源管理的工具与技术可分为矩阵型、层级型、文本型这 3 种类型。矩阵型可用于展示项目资源在各个工作包中的分配，矩阵型的一个典型用例是职责分配矩阵（Responsibility Assignment Matrix, RAM），它显示了分配给每个工作包的项目资源，用于说明工作包或活动与项目团队成员之间的关系。RAM 的一个特例是 RACI(Responsible, Approve, Consult, Inform)，各个字母分别表示谁负责执行（谁执行），谁负责批准（谁负责），谁负责咨询（咨询准），谁需要知情（通知准），举例如下图所示。

RACI 矩阵	人员				
活动	薛总	刘工	夏工	余工	古工
需求定义	A	R	I	I	I
系统设计	I	A	R	C	C
系统开发	I	A	R	R	C
测试	A	C	I	I	R
R=执行，A=负责，C=咨询，I=知情					

（44）参考答案：B

🔖试题解析　互动沟通：在两方或多方之间进行的实时多向信息交换，它使用诸如会议、电话、即时信息、社交媒体和视频会议等沟通方式。

推式沟通：向需要接收信息的特定接收方发送或发布信息。这种方法可以确保信息的发送，但不能确保信息送达目标受众或被目标受众理解。在推式沟通中，可以用于沟通的有信件、备忘录、报告、电子邮件、传真、语音邮件、博客、新闻稿。

拉式沟通：适用于大量复杂信息或大量信息受众的情况。它要求接收方在遵守有关安全规定的前提之下自行访问相关内容。这种方法包括门户网站、组织内网、电子在线课程、经验教训数据库或知识库。

（45）参考答案：B

🔖试题解析　当完成识别风险过程时，风险登记册的内容主要包括已识别风险的清单、潜在风险责任人、潜在风险应对措施清单等。

（46）参考答案：C

🔖试题解析　适用于实施定量风险分析过程的数据分析技术主要包括模拟、敏感性分析、决策树分析、影响图等。

敏感性分析有助于确定哪些单个项目风险或不确定性来源对项目结果具有最大的潜在影响。它在项目结果变化与定量风险分析模型中的要素变化之间建立联系。敏感性分析的结果通常用龙卷风图来表示，图中标出定量风险分析模型中的每项要素与其能影响的项目结果之间的关联系数，这些要素可包括单个项目风险、易变的项目活动，或具体的不明确性来源。每个要素按关联强度降序排列，形成典型的龙卷风形状。

（47）参考答案：D

🔖试题解析　订立项目分包合同必须同时满足以下 5 个条件：经过买方认可；分包的部分必须是项目非主体工作；只能分包部分项目，而不能转包整个项目；分包方必须具备相应的资质条件；分包方不能再次分包。

（48）参考答案：C

🔖试题解析　变更请求可能包括：纠正措施——为使项目工作绩效重新与项目管理计划一致而进行的有目的的活动；预防措施——为确保项目工作的未来绩效符合项目管理计划而进行的有目的的活动；缺陷补救——为了修正不一致产品或产品组件而进行的有目的的活动；更新——对正式

受控的项目文件或计划等进行的变更，以反映修改或增加的意见或内容。

（49）参考答案：B

✎试题解析 知识管理过程通常包括：知识获取与集成、知识组织与存储、知识分享、知识转移与应用，知识管理审计。

（50）参考答案：C

✎试题解析 评价团队有效性的指标可包括：个人技能的改进，从而使成员更有效地完成工作任务；团队能力的改进，从而使团队成员更好地开展工作；团队成员离职率的降低；团队凝聚力的加强，从而使团队成员公开分享信息和经验，并互相帮助来提高项目绩效。

（51）参考答案：B

✎试题解析 可实现团队高效运行的行为主要包括：使用开放与有效的沟通；创造团队建设机遇；建立团队成员间的信任；以建设性方式管理冲突；鼓励合作型的问题解决方法；鼓励合作型的决策方法等。

（52）参考答案：C

✎试题解析 团队管理的输入有：项目管理计划；项目文件（问题日志；经验教训登记册；项目团队派工单；团队章程）；工作绩效报告；团队绩效评价。

（53）参考答案：B

✎试题解析 常用的评标方法包括：加权打分法——用具有不同权重的各评标标准，对各投标文件进行打分，然后加权汇总，得到各潜在卖方的排名顺序，选择得分最高的潜在卖方中标；筛选系统——通过多轮过滤，逐步淘汰达不到既定标准的投标商，直到剩下一家。用于淘汰的标准逐轮提高，最后剩下的那家就是中标者；独立估算——把潜在卖方的报价与买方事先编制的独立成本估算进行比较，选择与标底最接近的报价中标。

（54）参考答案：A

✎试题解析 在敏捷或适应型项目中，控制质量活动可能由所有团队成员在整个项目生命周期中执行；在瀑布或预测型项目中，控制质量活动由特定团队成员在特定时间点或者项目或阶段快结束时执行。

（55）参考答案：C

✎试题解析 确认范围是正式验收已完成的项目可交付成果的过程。本过程的主要作用是使验收过程具有客观性，同时通过确认每个可交付成果来提高最终产品、服务或成果获得验收的可能性。本过程应根据需要在整个项目期间定期开展。

确认范围过程与控制质量过程的不同之处在于，前者关注可交付成果的验收，而后者关注可交付成果的正确性及是否满足质量要求。控制质量过程通常先于确认范围过程，但二者也可同时进行。

（56）参考答案：B

✎试题解析 总浮动时间指在不延误项目工期或违反进度制约因素的前提下，某个活动可以从最早开始日期推迟或拖延的时间。总浮动时间的计算方法为：本活动的最迟完成时间减去本活动的最早完成时间，或本活动的最迟开始时间减去本活动的最早开始时间。

自由浮动时间是指在不延误任何紧后活动的最早开始日期及不违反进度制约因素的前提下，某进度活动可以推迟的时间量，其计算方法为：紧后活动最早开始时间的最小值减去本活动的最早完成时间。

通过正向计算，可推出 C 的最早结束时间为 6 天，其紧后活动 F 的最早开始时间为 7 天，两者相减，可得 C 的自由浮动时间为 1 天。

（57）**参考答案**：B

✎**试题解析**　EV=BAC×0.6，AC=BAC×0.7，CPI=EV/AC=6/7。

EAC=210 =BAC/CPI，BAC=EAC×CPI=210×6/7=180（万元）。

总预算=BAC+管理储备=180+10=190（万元）。

（58）**参考答案**：A

✎**试题解析**　控制资源是确保按计划为项目分配实物资源，以及根据资源使用计划监督资源实际使用情况，并采取必要纠正措施的过程。

（59）**参考答案**：B

✎**试题解析**　风险审计是审计的一种类型，可用于评估风险管理过程的有效性。项目经理负责确保按项目风险管理计划所规定的频率开展风险审计。风险审计可以在日常项目审查会上开展，也可以在风险审查会上开展，团队也可以召开专门的风险审计会。在实施审计前，应明确定义风险审计的程序和目标。

（60）**参考答案**：C

✎**试题解析**　控制采购是管理采购关系、监督合同绩效、实施必要的变更和纠偏，以及关闭合同的过程。本过程的主要作用是，确保买卖双方履行法律协议，满足项目需求。本过程应根据需要在整个项目期间开展。买方和卖方都出于相似的目的来管理采购合同，每方都必须确保双方履行合同义务，确保各自的合法权利得到保护。在控制采购过程中，需要开展财务管理工作，包括监督向卖方付款。

（61）**参考答案**：B

✎**试题解析**　监督是贯穿于整个项目的项目管理活动之一，包括收集、测量和分析测量结果，预测趋势，以便推动过程改进。持续的监督使项目管理团队可以洞察项目进展状况，并识别需要特别关注的地方。控制包括制订纠正或预防措施或重新规划，并跟踪行动计划的实施过程，以确保它们能有效解决问题。

（62）**参考答案**：D

✎**试题解析**　变更控制工具需要支持的变更管理活动包括：识别变更、记录变更、做出变更决定和跟踪变更等。识别变更——识别并选择过程或项目文件的变更项；记录变更——将变更记录为合适的变更请求；做出变更决定——审查变更，批准、否决、推迟对项目文件、可交付成果或基准的变更或做出其他决定；跟踪变更——确认变更被登记、评估、批准、跟踪并向干系人传达最终结果。

（63）**参考答案**：C

✎**试题解析**　系统集成项目在验收阶段主要包含以下 4 方面的工作内容，分别是验收测试、系统试运行、系统文档验收以及项目终验。

（64）**参考答案**：B

✎**试题解析**　信息系统开发项目文档一般分为开发文档、产品文档和管理文档。

开发文档描述开发过程本身，基本的开发文档包括：可行性研究报告和项目任务书；需求规格说明；功能规格说明；设计规格说明（包括程序和数据规格说明）；开发计划；软件集成和测试计划；质量保证计划；安全和测试信息。

产品文档描述开发过程的产物，基本的产品文档包括：培训手册；参考手册和用户指南；软件支持手册；产品手册和广告。

管理文档记录项目管理的信息，可能包括：开发过程的每个阶段的进度和进度变更的记录；软件变更情况的记录；开发团队的职责定义；项目计划、项目阶段报告；配置管理计划。

（65）参考答案：D

🖝试题解析　配置项的版本号规则与配置项的状态定义相关。

处于"草稿"状态的配置项的版本号格式为 0.YZ。YZ 的数字范围为 01～99，随着草稿的修正，YZ 的取值应递增，YZ 的初值和增幅由用户自己把握。

处于"正式"状态的配置项的版本号格式为 X.Y。X 为主版本号，取值范围为 1～9，Y 为次版本号，取值范围为 0～9。配置项第一次成为"正式"文件时，版本号为 1.0。如果配置项升级幅度比较小，应仅增加 Y 值，Y 值增加到一定程度时 X 值将增加；当配置项升级幅度比较大时允许直接增大 X 值。

处于"修改"状态的配置项的版本号格式为 X.YZ。配置项正在修改时，一般只增大 Z 值，X.Y 值保持不变。当配置项修改完毕，状态成为"正式"时，将 Z 值设置为 0，增加 X.Y 值。

配置项刚建立时，其状态为"草稿"。配置项通过评审后，其状态变为"正式"。此后若更改配置项，则其状态变为"修改"。当配置项修改完毕并重新通过评审时，其状态又变为"正式"。

（66）参考答案：A

🖝试题解析　配置库可以分开发库、受控库和产品库 3 种类型。

开发库也称为动态库、程序员库或工作库，用于保存开发人员当前正在开发的配置实体，如新模块、文档、数据元素或进行修改的已有元素。动态库中的配置项被置于版本管理之下。动态库是开发人员的个人工作区，由开发人员自行控制。库中的信息可能有较为频繁的修改，只要开发库的使用者认为有必要，无须对其进行配置控制，因为这通常不会影响到项目的其他部分。

受控库也称为主库，包含当前的基线加上对基线的变更。受控库中的配置项被置于完全的配置管理之下。在信息系统开发的某个阶段工作结束时，将当前的工作产品存入受控库。

产品库也称为静态库、发行库、软件仓库，包含已发布使用的各种基线的存档，被置于完全的配置管理之下。在开发的信息系统产品完成系统测试之后，作为最终产品存入产品库内，等待交付用户或现场安装。

（67）参考答案：C

🖝试题解析　变更工作程序如下：变更申请；对变更的初审；变更方案论证；变更审查；发出通知并实施；实施监控；效果评估；变更收尾。

（68）参考答案：C

🖝试题解析　监理活动最基础的内容被概括为"三控、两管、一协调"。

三控是指信息系统工程质量控制、进度控制和投资控制。两管是指信息系统工程合同管理、信息管理。一协调是指在信息系统工程实施过程中对各种监理相关事项进行协调。

（69）**参考答案**：D

🖐️**试题解析**　规划阶段监理服务的基础活动主要包括：①协助业主单位构建信息系统架构；②可以为业主单位提供项目规划设计的相关服务，为业主单位决策提供依据；③对项目需求、项目计划和初步设计方案进行审查；④协助业主单位策划招标方法，适时提出咨询意见。

（70）**参考答案**：B

🖐️**试题解析**　在信息技术服务方面，标准可分为基础标准、通用标准、保障类标准、技术创新标准、数字化转型服务标准和业务融合标准六个类别。

（71）**参考答案**：D

🖐️**试题翻译**　云计算是一种基于 Internet 的计算，它为计算机和其他设备按需提供共享的计算机处理资源和数据。云计算的拥护者宣称，云计算允许公司避免沉重的基础设施成本。云计算现在只有很少的服务形式，但不包括 （71）。

（71）A．基础设施即服务　　　　　　　B．平台即服务

　　　C．软件即服务　　　　　　　　　D．数据即服务

（72）**参考答案**：A

🖐️**试题翻译**　　（72）从大量的数据中挖掘用户行为，反向传输到业务领域，支持更准确的社交营销和广告，可增加业务收入，促进业务发展。

（72）A．大数据　　　B．区块链　　　C．物联网　　　D．人工智能

（73）**参考答案**：A

🖐️**试题翻译**　（73）包含基础设施实体安全、平台安全、数据安全、通信安全、应用安全、运行安全、管理安全、授权和审计安全、安全防范系统等。

（73）A．安全机制　　B．安全服务　　C．安全技术　　D．安全防范

（74）**参考答案**：B

🖐️**试题翻译**　项目（74）是为了保证项目按时完成，对项目所需的各个过程进行管理。

（74）A．整合管理　　B．进度管理　　C．成本范围　　D．资源管理

（75）**参考答案**：B

🖐️**试题翻译**　（75）过程的主要作用是描述产品、服务或成果的边界和验收标准。

（75）A．规划范围管理　B．定义范围　　C．确认范围　　D．控制范围

系统集成项目管理工程师机考试卷 第 3 套 应用技术参考答案/试题解析

试题一 参考答案/试题解析

【问题 1】参考答案

存在的问题：①小张单独编制采购管理计划不妥；②采购工作说明书内容不全，工作说明书的内容应包括规格、数量、质量要求、绩效数据、履约期间、工作地点和其他要求；③小张在竞标的几个供应商里选择了报价最低的 B 公司不妥，评标应有既定的评标程序和标准；④没有对合同执行情况进行跟踪，未及时向 B 公司支付货物订金；⑤未能与 B 公司进行有效沟通，导致部分党建智能一体机质量问题未得到及时解决。

【问题 2】参考答案

规划采购过程：编制了采购管理计划和采购工作说明书。

实施采购过程：选择了报价最低的 B 公司作为中标商，与 B 公司签订合同。

控制采购过程：多次与 B 公司沟通货物未能按时交付问题和交涉货物质量异常问题。

【问题 3】参考答案

（1）总承包合同；（2）单项承包合同；（3）分包合同；（4）总承包合同；（5）分包合同。

试题二 参考答案/试题解析

【问题 1】参考答案

活动 A 的工期=(3+4×4+5)/6=4（天）

活动 B 的工期=(1+4×3+5)/6=3（天）

活动 C 的工期=(5+4×8+17)/6=9（天）

活动 D 的工期=(6+4×7+8)/6=7（天）。

关键路径为：A-C-E-F，总工期为 19 天。

试题解析 活动 A、B、C、D 给出的工期都是三个数值,其分别代表了"乐观估计的工期""最可能工期""悲观估计的工期"。因此这几个活动的实际工期,都需要根据三点估算法进行计算,得出对应的期望工期，公式为：期望工期=(乐观工期+4×可能工期+悲观工期)/6。

因此活动 A 的期望工期=(3+4×4+5)/6=4（天），同理可计算出活动 B、C、D 的工期。

然后就是根据计算出来的工期，绘制网络图，如下图所示。

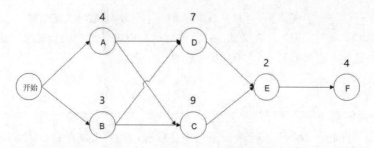

根据上面的网络图,容易得到项目的关键路径(用时最长的路径)为 A-C-E-F。关键路径上的各活动历时之和即为总工期。

【问题2】参考答案

如果活动 D 拖延 3 天,项目的总工期会发生变化,关键路径变为 A-D-E-F,总工期变为 20 天。

【问题3】参考答案

$PV=PV_A+PV_B+(7/9)\times PV_C+(6/7)\times PV_D=2\times4+2\times3+(7/9)\times2\times9+(6/7)\times2\times7=40$(万元)

$EV=EV_A+EV_B+(2/3)\times EV_C+(1/2)\times EV_D=2\times4+2\times3+(2/3)\times2\times9+(1/2)\times2\times7=33$(万元)

AC=35 万元

$CPI=EV/AC=33/35\approx0.94$

$SPI=EV/PV=33/40\approx0.83$

因为 CPI 小于 1,所以成本超支。因为 SPI 小于 1,所以进度滞后。

试题解析

EV(Earned Value)即挣值,它的含义是"已完成工作原计划花多少钱"。

AC(Actual Cost)即实际成本,它的含义是"已完成的工作实际花了多少钱"。

PV(Planned Value)即计划值或称计划价值,它的含义是"某项活动计划花多少钱"。

因此,我们可以通过 EV/PV 来衡量项目当前是超前了还是滞后了,这个比值记为 SPI(Schedule Performance Index),即进度绩效指标。同时可以用 EV/AC 来衡量项目当前的成本是节约了还是超支了,这个比值记为 CPI(Cost Performance Index),即成本绩效指数。

本题已经指出"项目预算按天核定,任何活动每天的成本为 2 万元",因此在第 10 天结束时,可根据各活动在网络图中所示的进度,计算出该活动在第 10 天结束这个时间点上的 PV,各活动在这个时间点上的 PV 之和,即为这个时间点的总 PV,在第 10 天末:A 应全部完成,历时 4 天,因此 $PV_A=4\times2=8$(万元),同理可得出其他活动的 PV。

【问题4】参考答案

依题意,项目产生的偏差为临时性偏差,所以是非典型偏差,因此:

$EAC=AC+(BAC-EV)=35+(29\times2-33)=60$(万元)。

试题解析

EAC(Estimate at Completion)也称完工估算,它是在当前时间点,根据当前已完成的实际成本(AC)和绩效情况,以及对后续工作的预测而得出的一个项目完工时的成本估算。如果后续工作不会发生当前的成本偏差,也就是说后续工作都会按照计划成本来进行,那么 $EAC=AC+(BAC-EC)$。

如果预计后续工作会以当前的成本绩效指标（CPI）来进行，则 EAC=BAC/CPI。

临时性偏差也称非典型偏差，其含义就是：后续活动会根据计划中的历时来完成，而不是根据当前偏差的趋势来进行，因此 EAC=AC+(BAC−EC)。

试题三　参考答案/试题解析

【问题 1】参考答案

启动阶段存在的问题：①小王不能单独编制项目章程；②只依据项目合同编制章程不妥，还应参考立项管理文件、事业环境因素和组织过程资产等；③项目章程内容不全，还应包括项目概括性描述、可测量的目标、主要干系人等内容；④小王宣布正式启动项目不妥，应由项目以外的人员来启动；⑤先发布项目章程后识别干系人不妥，识别干系人管理过程通常在编制和批准项目章程之前或同时首次开展；⑥小王单独进行干系人识别不妥，应与团队成员共同进行；⑦项目干系人识别不全。

【问题 2】参考答案

本项目的干系人还有：银行方职能部门、业务部门；外部供应商；政府监管部门；银行客户。

【问题 3】参考答案

（1）×　（2）√　（3）×　（4）√　（5）√

试题解析

（1）项目启动会是项目正式启动的工作会议，通常由项目经理负责组织和召开。

（3）识别干系人不是启动阶段的一次性活动，应根据需要在整个项目期间定期展开。

试题四　参考答案/试题解析

【问题 1】参考答案

第一段描述的内容属于规划过程组中的范围规划。

该过程所属知识域还包括规划范围管理、收集需求、定义范围、创建 WBS。

试题解析

项目管理分为十大知识域：整合项目管理，项目范围管理，项目进度管理，项目成本管理，项目质量管理，项目资源管理，项目沟通管理，项目风险管理，项目采购管理，项目干系人管理。

从项目推进过程的角度，又可把项目管理分为 5 个过程组：启动过程组，规划过程组，执行过程组，监控过程组，收尾过程组。

对于项目范围管理这个知识域来说，它在启动过程组没有活动；在规划过程组有四项活动，分别为规划范围管理、收集需求、定义范围、创建 WBS；在执行过程组没有活动，在监控过程组，有两项活动：确认范围、控制范围；在收尾过程组也没有活动。

【问题 2】参考答案

存在问题：定义范围的依据存在不足；直接明确了项目全部范围存在问题；未采用相关工具与技术定义范围；项目经理单独进行定义范围不妥。

改正措施：①定义范围还需要参考项目管理计划、假设日志、需求文件、风险登记册等；②在项目规划过程中，随着对项目信息了解的逐渐深入，应该更加详细、具体地定义和描述项目范围，此外还需要分析现有风险、假设条件和制约因素的完整性，并做必要的增补或更新；③应采用专家判断、数据分析、决策、人际关系与团队技能、产品分析等工具与技术定义项目范围；④定义范围需要干系人的共同参与。

【问题 3】参考答案

详细的项目范围说明书的主要内容包括：产品范围描述；可交付成果；验收标准；项目的除外责任。

系统集成项目管理工程师机考试卷　第4套
基础知识

- 在信息系统生命周期中，___(1)___ 阶段要回答的问题是"怎么做"。
  - （1）A. 系统规划　　　　B. 系统分析　　　　C. 系统设计　　　　D. 系统实施
- 今后一段时间，我国信息化的发展重点不包括___(2)___。
  - （2）A. 数据治理　　　　B. 智能网联　　　　C. 信息互联互通　　　D. 数字经济
- 工业互联网数据的特性包括___(3)___。
  - ①重要性　②专业性　③独特性　④复杂性
  - （3）A. ①②③　　　　　B. ①②④　　　　　C. ①③④　　　　　D. ②③④
- ___(4)___ 是指在新一代数字科技支撑和引领下，以数据为关键要素，以价值释放为核心，以数据赋能为主线，对产业链上下游的全要素数字化升级、转型和再造的过程。
  - （4）A. 数字产业化　　B. 产业数字化　　C. 数字化治理　　D. 数据价值化
- OSI 采用了分层的结构化技术，从下到上共分为七层，其中___(5)___管理数据的解密与加密、数据转换、格式化和文本压缩。
  - （5）A. 传输层　　　　　B. 会话层　　　　　C. 表示层　　　　　D. 应用层
- ___(6)___ 指设备能在一定时间内正常执行任务的概率。
  - （6）A. 设备的稳定性　　　　　　　　B. 设备的可靠性
  - 　　　C. 设备的可用性　　　　　　　　D. 设备的完好性
- 虚拟现实技术的主要特征不包括___(7)___。
  - （7）A. 沉浸性　　　　　B. 交互性　　　　　C. 创造性　　　　　D. 自主性
- 在云计算服务中，___(8)___ 向用户提供虚拟的操作系统、数据库管理系统服务。
  - （8）A. IaaS　　　　　　B. PaaS　　　　　　C. SaaS　　　　　　D. DaaS
- 在 IT 服务质量模型中，及时性和互动性属于___(9)___。
  - （9）A. 可靠性　　　　　B. 有形性　　　　　C. 响应性　　　　　D. 友好性
- 服务部署的关键成功因素一般不包括___(10)___。
  - （10）A. 确定可度量的里程碑和交付物以及交付物的验收标准
  - 　　　B. 服务价格明确
  - 　　　C. 管理与统一服务相关干系人的期望
  - 　　　D. 形成标准操作程序或作业指导书

- QFD 将软件需求分为 3 类，分别是 __(11)__ 。
  - (11) A. 常规需求、期望需求和意外需求
  - B. 常规需求、特殊需求和额外需求
  - C. 常规需求、特殊需求和意外需求
  - D. 常规需求、期望需求和额外需求

- WPDRRC 模型的六个环节不包括 __(12)__ 。
  - (12) A. 预警　　　　　　B. 计划　　　　　　C. 检测　　　　　　D. 反击

- 采用结构化分析时，一般用 __(13)__ 表示功能模型。
  - (13) A. E-R 图　　　　　B. DFD　　　　　　C. STD　　　　　　D. UML

- 《信息安全等级保护管理办法》将信息系统的安全保护分为 5 个等级。当信息安全系统受到破坏后，对国家安全造成了严重威胁，则该信息系统应该划分为 __(14)__ 。
  - (14) A. 二级　　　　　　B. 三级　　　　　　C. 四级　　　　　　D. 五级

- 下列有关备份策略的描述，不正确的是 __(15)__ 。
  - (15) A. 完全备份对备份介质资源的消耗较大
  - B. 差分备份的数据恢复很方便，管理员只需两份备份数据
  - C. 增量备份每次所备份的数据只是相对于上一次备份后改变的数据
  - D. 增量备份的可靠性比差分备份高

- 把数据转化成可流通的数据要素，重点包含 __(16)__ 两个环节。
  - (16) A. 数据资源化、数据资产化
  - B. 数据集成化、数据资产化
  - C. 数据集成化、数据资源化
  - D. 数据市场化、数据价值化

- 金山的 WPS Office 软件是典型的 __(17)__ 。
  - (17) A. 版式软件　　　B. 流式软件　　　C. 流式与版式相结合　　D. 块式软件

- 下列 __(18)__ 不是操作系统的主要功能。
  - (18) A. 进程管理　　　B. 存储管理　　　C. 网络管理　　　　D. 作业管理

- 网络安全等级保护 2.0 技术相对于 1.0 技术，主要发生变更的内容不包括 __(19)__ 。
  - (19) A. 物理和环境安全实质性变更
  - B. 安全建设管理实质性变更
  - C. 网络和通信安全实质性变更
  - D. 应用和数据安全实质性变更

- ISO/IEC 27000 系列标准中，给出了以下 __(20)__ 几方面的控制参考。
  - (20) A. 组织、人员、管理、实施
  - B. 人员、组织、技术、资源
  - C. 机房、数据、系统、设备
  - D. 组织、人员、物理、技术

- 网络切片是指从一个网络中选取特定的特性和功能，定制出的一个逻辑上独立的网络，目前定义了 3 种网络切片类型，分别是 __(21)__ 。
  - (21) A. 增强移动宽带、低时延高可靠、大连接物联网
  - B. 增强移动宽带、低时延高可靠、海量机器类通信
  - C. 增强移动宽带、海量机器类通信、大连接物联网
  - D. 海量机器类通信、低时延高可靠、大连接物联网

- 咨询设计、开发服务、集成实施、运行维护属于 IT 服务中的 __(22)__ 。
  - (22) A. 基础服务
  - B. 技术创新服务
  - C. 数字化转型服务
  - D. 业务融合服务

- 常用的应用架构规划与设计的基本原则不包括 （23） 。

  （23）A. 业务适配性原则   B. 功能专业化原则

         C. 风险最小化原则   D. 收益最大化原则

- 云原生的代码通常包括 （24） 三部分。

  （24）A. 应用代码、三方软件、处理非功能特性的代码

         B. 业务代码、三方软件、处理非功能特性的代码

         C. 系统代码、三方软件、处理非功能特性的代码

         D. 基础代码、三方软件、处理非功能特性的代码

- 根据《信息安全技术 网络安全等级保护基本要求》（GB/T 22239），信息系统从第 （25） 级开始，应具有"能够防护免受来自外部小型组织的、拥有少量资源的威胁源发起的恶意攻击、一般的自然灾难"的保护能力。

  （25）A. 二   B. 三   C. 四   D. 五

- 下列有关项目的描述，不正确的是 （26） 。

  （26）A. 项目可交付成果是有形的或无形的

         B. 项目可以在组织的任何层级上开展

         C. 项目的临时性意味着项目的持续时间短

         D. 从业务价值角度看，项目旨在推动组织从一个状态转到另一个状态，从而达成特定目标

- （27） 生命周期适合于需求不确定，不断发展变化的项目。在每次迭代前，项目和产品愿景的范围被明确定义和批准，每次迭代（又称"冲刺"）结束时，客户会对具有功能性的可交付物进行审查。

  （27）A. 预测型   B. 迭代型   C. 增量型   D. 适应型

- 在进行技术可行性分析时，一般不考虑 （28） 。

  （28）A. 进行项目开发的收益   B. 人力资源的有效性

         C. 技术能力的可能性   D. 物资（产品）的可用性

- 项目评估工作一般可按 （29） 程序进行。

  ①成立评估小组   ②召开专家论证会   ③开展调查研究

  ④编写、讨论、修改评估报告   ⑤评估报告定稿并发布   ⑥分析与评估

  （29）A. ①②③⑥④⑤   B. ①③④⑥②⑤

         C. ①③⑥②④⑤   D. ①③⑥④②⑤

- 常见的复杂性来源不包括 （30） 。

  （30）A. 人类行为   B. 系统行为   C. 设备种类多   D. 不确定性和模糊性

- 估算活动资源过程属于 （31） 知识域的管理过程。

  （31）A. 项目进度管理   B. 项目资源管理

         C. 项目整合管理   D. 项目成本管理

- 下列有关识别干系人的描述，不正确的是 （32） 。

  （32）A. 识别干系人要在项目过程中根据需要在整个项目期间定期开展

    B. 每个项目阶段开始时，应进行干系人识别

    C. 识别干系人管理过程通常在编制和批准项目章程之后或同时首次开展

    D. 识别干系人过程的主要作用是使项目团队能够建立对每个干系人或干系人群体的适度关注

● 需求管理计划是项目管理计划的组成部分，描述将如何分析、记录和管理项目和产品需求。其内容不包括___（33）___。

（33）A. 如何规划、跟踪和报告各种需求活动

    B. 如何根据需求进行范围定义

    C. 配置管理活动

    D. 反映哪些需求属性将被列入跟踪矩阵

● 在需求的类别中，___（34）___可以进一步分为功能需求和非功能需求。

（34）A. 项目需求   B. 质量需求   C. 解决方案需求   D. 业务需求

● 下列有关创建工作分解结构的描述，不正确的是___（35）___。

（35）A. 创建工作分解结构（WBS）是把项目可交付成果和项目工作分解为较小的、更易于管理的组件的过程

    B. 创建工作分解结构过程主要作用是为所要交付的内容提供架构

    C. WBS 最低层的组成部分称为工作包

    D. 在"工作分解结构"这个词语中，"工作"指的是活动本身

● 以下属于活动定义过程输出的是___（36）___。

①活动清单 ②活动属性 ③活动网络图 ④变更请求

（36）A. ①②③   B. ①②④   C. ①③④   D. ②③④

● 下列有关估算方法的描述，不正确的是___（37）___。

（37）A. 类比估算通常成本较低、耗时较少，但准确性也较低

    B. 参数估算的准确性取决于参数模型的成熟度和基础数据的可靠性

    C. 如果从事估算的项目团队成员具备必要的专业知识，那么类比估算的可靠性会比较高

    D. 参数估算可以针对整个项目或项目中的某个部分

● 下列有关进度压缩技术的描述，不正确的是___（38）___。

（38）A. 赶工只适用于那些通过增加资源就能缩短持续时间的且位于关键路径上的活动

    B. 赶工并非总是切实可行的

    C. 快速跟进将正常情况下按并行进行的活动或阶段改为至少部分顺序开展

    D. 快速跟进可能造成返工和风险和成本增加

● 破坏性试验损失产生的成本属于质量成本中的___（39）___。

（39）A. 预防成本   B. 评价成本   C. 内部失败成本   D. 外部失败成本

● ___（40）___是资源依类别和类型的层级展开。

（40）A. 组织分解结构   B. 资源分解结构

    C. 物料清单   D. 资源日历

- 按风险的可预测性划分"部分人员再次感染流感病毒的风险"属于 __(41)__ 。

  (41) A. 已知风险　　　B. 可预测风险　　　C. 不可预测风险　　　D. 纯粹风险

- __(42)__ 过程的主要作用是"重点关注高优先级的风险"。

  (42) A. 风险识别　　　　　　　　　　B. 实施定性风险分析

  　　　C. 实施定量风险分析　　　　　　D. 规划风险应对

- 在一个系统中加入冗余部件和建立应急储备分别属于 __(43)__ 风险应对策略。

  (43) A. 接受和减轻　　　B. 减轻和接受　　　C. 均为减轻　　　D. 均为接受

- A 公司与软件开发商 B 公司签订了某项目成本加激励费用合同，合同的目标成本为 10 万元，目标费用 1 万元。合同中约定，如成本超支或节约按 A 公司 40%、B 公司 60%的比例进行分摊。项目完工后，实际成本为 9 万元，则 A 公司应付给 B 公司 __(44)__ 万元。

  (44) A. 10　　　　　B. 10.4　　　　　C. 10.6　　　　　D. 11

- __(45)__ 对规划采购管理过程中的采购策略制订有重要影响，在制订采购管理计划时所做出的决定也会影响该计划。

  (45) A. 项目进度计划　　　　　　　　B. 成本管理计划

  　　　C. 风险管理计划　　　　　　　　D. 范围管理计划

- 下列 __(46)__ 不是工作绩效数据。

  (46) A. 关键绩效指标（KPI）　　　　　B. 变更请求的数量

  　　　C. 进度进展情况　　　　　　　　D. 成本偏差情况

- 管理项目知识的关键活动是 __(47)__ 。

  (47) A. 营造一种相互信任的氛围，激励人们分享知识或关注他人的知识

  　　　B. 把现有的知识条理化和系统化，以便更好地加以利用

  　　　C. 建立知识库

  　　　D. 知识分享和知识集成

- 可以用来做过程改进的方法有很多，其中不包括 __(48)__ 。

  (48) A. 戴明环　　　B. 精益生产　　　C. 六西格玛　　　D. 鱼骨图

- 虚拟团队特别需要有效的 __(49)__ 计划与真正的 __(49)__ 。

  (49) A. 沟通管理　团队建设　　　　　B. 沟通管理　团队管理

  　　　C. 干系人参与　团队建设　　　　D. 干系人参与　团队管理

- 下列有关塔克曼阶梯理论的描述，不正确的是 __(50)__ 。

  (50) A. 团队建设通常要经过形成阶段、震荡阶段、规范阶段、成熟阶段和解散阶段

  　　　B. 在团队建设经历的五个阶段中，项目团队建设可跳过某个阶段

  　　　C. 团队成员开始协同工作，并调整各自的工作习惯和行为来支持团队是团队建设中成熟阶段的表现

  　　　D. 团队建设经历阶段中某个阶段持续时间的长短，取决于团队活力、团队规模和团队领导力

- __(51)__ 指识别、评估和管理个人情绪、他人情绪及团体情绪的能力。

  (51) A. 影响力　　　B. 冲突处理能力　　　C. 情商　　　D. 领导力

● ___（52）___ 的最后成果是签订的协议，包括正式合同。

（52）A．规划采购管理　　B．实施采购　　　　C．控制采购　　　　D．获取资源

● 项目经理想监测成本与进度偏差，以便帮助确定项目管理过程是否受控，则他应采用 ___（53）___ 。

（53）A．因果图　　　　B．直方图　　　　　C．控制图　　　　　D．核查表

● ___（54）___ 的主要作用是在整个项目期间保持对范围基准的维护。

（54）A．定义范围　　　B．创建 WBS　　　　C．确认范围　　　　D．控制范围

● 某项目的活动信息如下表所示，该项目的总工期为 ___（55）___ ，活动 A 的总时差为 ___（56）___ 天。

活动编号	紧前活动	活动工期/周
A	—	5
B	—	4
C	—	3
D	A	4
E	B	6
F	B	5
G	C	7
H	D、E	7
I	F、G	8

（55）A．16　　　　　B．17　　　　　　　C．18　　　　　　　D．19

（56）A．0　　　　　B．1　　　　　　　　C．2　　　　　　　　D．3

● 四个项目甲、乙、丙、丁的工期均是四年，在第一年年末时，各项目进度数据如下表所示，则最有可能在按时完工的同时并能更好控制成本的项目是 ___（57）___ 。（单位：万元）

项目	预算	PV	EV	AC
甲	800	200	230	220
乙	800	200	05	200
丙	800	200	190	160
丁	800	200	200	200

（57）A．甲　　　　　B．乙　　　　　　　C．丙　　　　　　　D．丁

● 控制资源过程重点关注 ___（58）___ 。

（58）A．人力资源　　　B．实物资源　　　C．技术资源　　　　D．储备资源

● 下列 ___（59）___ 不是控制风险的输入。

（59）A．工作绩效数据　　B．工作绩效信息　　C．工作绩效报告　　D．风险报告

● 下列有关控制采购的工具与技术的描述，正确的是 ___（60）___ 。

（60）A．检查是对采购过程的结构化审查

    B．审计是指对承包商正在执行的工作的结构化审查

    C．调解是解决所有索赔和争议的首选方法

    D．买卖双方的项目经理都应该关注审计结果，以便对项目进行必要的调整

● 工作绩效报告的内容一般包括 ___(61)___ 。

（61）A．状态报告和进展报告　　　　　　B．成本报告和进度报告

       C．状态报告和风险报告　　　　　　D．进展报告和问题报告

● 下列有关实施整体变更控制的描述，不正确的是 ___(62)___ 。

（62）A．实施整体变更控制过程贯穿项目始终，项目经理对此承担最终责任

    B．在整个项目生命周期的任何时间，参与项目的任何干系人都可以提出变更请求

    C．在基准确定之前，变更也须正式受控并实施整体变更控制过程

    D．变更可以口头提出，但所有变更请求都必须以书面形式记录

● 王工是某项目的项目经理，正召开项目总结会，其会议讨论的内容一般不包括 ___(63)___ 。

（63）A．项目收益　　　　　　　　　　　B．项目的沟通

       C．识别问题和解决问题　　　　　　D．意见和改进建议

● "在程序的开始要用统一的格式包含程序名称、程序功能、调用和被调用的程序、程序设计人等信息"，这是信息（文档）规范化管理中 ___(64)___ 的体现。

（64）A．文档书写规范　　　　　　　　　B．图表编号规则

       C．文档目录编写标准　　　　　　　D．文档管理制度

● 下列有关配置项的描述，不正确的是 ___(65)___ 。

（65）A．基线配置项可能包括所有的设计文档和源程序

    B．非基线配置项可能包括项目的各类计划和报告

    C．所有配置项的操作权限由项目经理严格管理

    D．基线配置项向开发人员开放读取的权限

● 下列有关配置管理活动的描述，不正确的是 ___(66)___ 。

（66）A．配置项识别包括为配置项分配标识和版本号

    B．配置状态报告是要对动态演化着的配置项取个瞬时的"照片"

    C．功能配置审计是审计配置项的完整性

    D．物理配置审计要验证配置项中是否包含了所有必需的项目

● 下列有关变更管理原则的描述，不正确的是 ___(67)___ 。

（67）A．合同是变更的依据

    B．应建立或选用符合项目需要的变更管理流程，所有变更都必须遵循这个控制流程进行控制

    C．变更宜早不宜晚，只做必须要变更的

    D．妥善保存变更产生的相关文档，适当时可以引入配置管理工具

● ___(68)___ 是实施监理及相关服务工作的指导性文件。

（68）A．监理合同　　　　　　　　　　　B．监理大纲

       C．监理规划　　　　　　　　　　　D．监理实施细则

● 下列　(69)　不属于招标阶段监理服务的基础活动。

(69) A. 在业主单位授权下，参与招标文件的编制，并对招标文件的内容提出监理意见

　　　B. 在业主单位授权下，协助业主单位进行招标工作

　　　C. 协助业主单位策划招标方法，适时提出咨询意见

　　　D. 向业主单位提供招投标咨询服务

● 下列有关法律法规的描述，不正确的是　(70)　。

(70) A. 专利法规定发明创造是指发明、实用新型和外观设计

　　　B. 经商标局核准注册的商标为注册商标，分为商品商标、服务商标和集体商标

　　　C.《中华人民共和国网络安全法》适用于在中华人民共和国境内建设、运营、维护和使用网络，以及网络安全的监督管理

　　　D.《中华人民共和国数据安全法》是我国数据安全领域最高位阶的专门法

● 　(71)　is a computer technology that headsets, sometimes in combination with physical spaces or multi-projected environments, to generate realistic images, sounds and other sensations that simulate a user's physical presence in a virtual or imaginary environment.

(71) A. Virtual　　　　　　　　　　B. Cloud computing

　　　C. Big data　　　　　　　　　　D. Internet+

● 　(72)　is a distributed storage database technology based on asymmetric encryption algorithms and an improved Merkle Tree data structure, combined with consensus mechanisms, peer-to-peer networks, smart contracts, and other technologies.

(72) A. Cloud service　　　　　　　　B. Block chain

　　　C. Internet of things　　　　　　D. Artificial intelligence

● Identify stakeholders belonging to the　(73)　process group.

(73) A. initiating　　　B. planning　　　C. executing　　　D. monitoring

● 　(74)　is purposeful activities aimed at reconciling project performance with the project management plan.

(74) A. Preventive action　　　　　　B. Corrective action

　　　C. Defect repair　　　　　　　　D. Update

● 　(75)　is a document generated by the creating WBS process that support the WBS, which provides more detailed descriptions of the components in the WBS.

(75) A. The project charter　　　　　　B. The project scope statement

　　　C. The WBS dictionary　　　　　　D. The activity list

系统集成项目管理工程师机考试卷 第4套
应用技术

试题一（20分）

阅读下列说明，回答【问题1】至【问题3】，将解答填入答题区的对应位置。

【说明】某系统集成企业承接了一个环保监测系统项目，为某市的环保局建设水污染自动监测系统。该项目涉及水污染自动监测设备以及视频监控及信号分析处理、自动控制技术的应用。老李刚成功地领导一个6人的项目团队完成了一个环保系统项目，因此公司指派老李为项目经理并带领原来的团队负责该项目。老李意识到，有效的资源保障是获得项目成功的关键。为此，老李积极和公司人力资源部门沟通，争取到了监控及信号分析处理及自动控制技术专业的两个技术人员加入项目团队。

老李带领原项目团队结合以往经验顺利完成了需求分析、项目范围说明书等前期工作，并通过了审查，得到了甲方的确认。项目开始实施后，项目团队原成员和新加入成员之间经常发生争执，对发生的错误相互推诿。项目团队原成员认为新加入的成员高傲，难以沟通；新加入成员则认为项目团队原成员效率低下。老李认为这是正常的项目团队磨合过程，没有过多干预。项目中期，水污染自动监测设备供货比计划延迟了一周。为了保证项目进度，老李动员大家加班赶工，连续的加班让团队内部负面情绪较重。

项目实施三个月后，老李发现大家汇报的项目进度言过其实，进度远没有达到计划目标，项目已陷入困境。

【问题1】（8分）
请简要分析造成该项目上述问题的可能原因。

【问题2】（7分）
请结合案例，说明塔克曼阶梯理论中的团队建设要经历哪些阶段，目前团队处于哪个阶段？

【问题3】（5分）
结合案例，说明常用的冲突处理方法有哪些。

试题二（19分）

阅读下列说明，回答【问题1】至【问题4】，将解答填入答题区的对应位置。

【说明】下图描述了某项目的进度信息，字母代表活动名称，数字代表完成该活动所需人数。

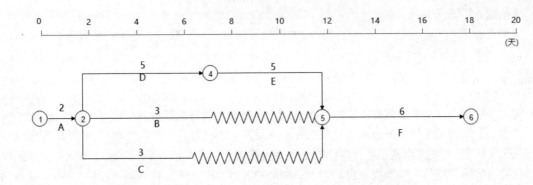

已知各活动的预算成本为 1 万元/（人·天）。第 7 天结束时，项目已花费成本 65 万元，此时 A、C、D 均已完工，B 完成了五分之三，E 完成了五分之二，F 尚未开始。

【问题1】（6分）

该网络图为　（1）　图，项目的工期为　（2）　天，关键路径是　（3）　。

【问题2】（4分）

如果参与项目的工程师均为全能手，可以完成任意一项活动，则该项目至少需要多少人？请给出调整方案。

【问题3】（3分）

请计算项目的 BAC。

【问题4】（6分）

计算项目第 7 天结束时的绩效情况。

试题三（17分）

阅读下列说明，回答【问题1】至【问题4】，将解答填入答题区的对应位置。

【说明】某公司承接了某银行的信息系统集成项目，并任命王工为项目经理。这也是王工第一次担任项目经理，王工带领近 20 人的团队，历经近 11 个月的时间，终于完成了系统集成工作，随后王工与甲方共同对项目进行了验收，在验收过程中，对主要功能模块进行了验收测试，双方在验收测试报告上进行了签字确认，并简单地核对了项目交付清单，王工随即向公司报告项目结束，并遣散了部分团队成员。最后王工组织剩下的项目团队成员召开了项目总结会议，会议讨论了项目成本绩效、进度计划绩效。

【问题1】（5分）

项目经理王工收尾管理上主要存在哪些问题？

【问题2】（4分）

系统集成项目在验收阶段主要包含哪些工作？

【问题3】（3分）

王工组织的项目总结会议是否恰当？请说明理由。

【问题 4】（5 分）

请简要叙述项目总结会议上一般讨论的内容除了项目成本绩效、进度计划绩效外，还应包括什么。

试题四（19 分）

阅读下列说明，回答【问题 1】至【问题 3】，将解答填入答题区的对应位置。

【说明】 A 公司承接了某公司信息系统开发项目，小张被任命为项目经理。为确保项目成功，小张从公司抽调了 20 人组建了项目团队。小张认为配置管理工作比较简单，就让刚毕业参加工作的小杨担当配置管理员。小杨根据自己的理解编写并发布了配置管理计划。

在项目实施过程中，小杨为项目创建了三个文件夹，分别作为存放开发、受控、产品文件的目录。为减少麻烦，小杨给小张和各小组组长开放了所有的配置权限，当有项目组成员提出配置变更需求时，小杨直接决定是否批准变更请求，对经过认定的文档或经过测试的代码等能够形成配置基线的文件，存放到受控库中，并对其编号。项目开发过程中，某开发人员打算对某段代码进行一个简单修改，他从配置库检出待修改的代码段，修改完成并经测试没问题后，检入配置库，小杨认为代码改动不大，依然使用之前的版本号，并移除了旧的代码。

【问题 1】（7 分）

结合本案例，从配置管理的角度指出项目实施过程中存在的问题。

【问题 2】（5 分）

请简述功能配置审计和物理配置审计验证的内容。

【问题 3】（7 分）

从候选项中选出正确答案，将该选项编号填入答题区对应位置。

配置管理相关的角色中，__(1)__ 负责审查、评价、批准、推迟或否决变更申请；__(2)__ 负责管理和决策整个项目生命周期中的配置活动；__(3)__ 负责在整个项目生命周期中进行配置管理的主要实施活动；__(4)__ 确保所负责配置项的准确和真实。

配置项的状态通常可分为三种，配置项初建时其状态为__(5)__。配置项通过评审后，其状态变为__(6)__。此后若更改配置项，则其状态变为__(7)__。

A. CMO	B. 草稿	C. CCB	D. 配置管理负责人
E. 修改	F. 正式	G. 配置项负责人	

系统集成项目管理工程师机考试卷 第4套
基础知识参考答案/试题解析

（1）**参考答案**：C

✍**试题解析** 信息系统的生命周期可以分为系统规划（可行性分析与项目开发计划），系统分析（需求分析），系统设计（概要设计、详细设计），系统实施（编码、测试），系统运行和维护等阶段。

简单地说，系统分析阶段的任务是回答系统"做什么"的问题，而系统设计阶段要回答的问题是"怎么做"。该阶段的任务是根据系统说明书中规定的功能要求，考虑实际条件，具体设计实现逻辑模型的技术方案，也就是设计新系统的物理模型。

（2）**参考答案**：D

✍**试题解析** 今后一段时间，我国信息化的发展重点主要聚焦在以下几方面：数据治理；密码区块链技术；信息互联互通；智能网联；网络安全。

（3）**参考答案**：B

✍**试题解析** 工业互联网数据有3个特性：重要性，专业性，复杂性。

重要性：数据是实现数字化、网络化、智能化的基础，没有数据的采集、流通、汇聚、计算、分析等各类新模式就是无源之水，数字化转型也就成为无本之木。

专业性：工业互联网数据的价值在于分析利用，分析利用的途径必须依赖行业知识和工业机理。制造业千行百业、千差万别，每个模型、算法背后都需要长期积累和专业队伍，只有精耕细作才能发挥数据价值。

复杂性：工业互联网运用的数据来源于"研产供销服"各环节，"人机料法环"各要素，ERP、MES、PLC 等各系统。数据的维度和复杂度远超消费互联网，面临采集困难、格式各异、分析复杂等挑战。

（4）**参考答案**：B

✍**试题解析** 产业数字化是指在新一代数字科技支撑和引领下，以数据为关键要素，以价值释放为核心，以数据赋能为主线，对产业链上下游的全要素数字化升级、转型和再造的过程。

（5）**参考答案**：C

✍**试题解析** OSI 采用了分层的结构化技术，从下到上共分为 7 层。

物理层包括物理连网媒介，如电缆连线连接器。该层的协议产生并检测电压以便发送和接收携带数据的信号。物理层的具体标准有 RS-232、V.35、RJ-45、FDDI。

数据链路层控制网络层与物理层之间的通信。它的主要功能是将从网络层接收到的数据分割成特定的可被物理层传输的帧，并实现点到点传输。数据链路层常见的协议有 IEEE 802.3/2、HDLC、

PPP、ATM。

网络层的主要功能是将网络地址（IP 地址）翻译成对应的物理地址（网卡地址），并决定如何将数据从发送方网络路由到接收方网络。在 TCP/IP 协议栈中，网络层的协议有 IP、ICMP、IGMP、IPX、ARP 等。

传输层主要负责确保数据可靠、顺序、无错地从 A 端传输到 B 端。如提供建立、维护和拆除传送连接的功能；选择网络层提供最合适的服务；在系统之间提供可靠的、透明的数据传送，提供端到端的错误恢复和流量控制。传输层的具体协议有 TCP、UDP、SPX。

会话层负责在网络中的两节点之间建立和维持通信，以及提供交互会话的管理功能，如 3 种数据流方向的控制，即一路交互、两路交替和两路同时会话模式。本层常见的协议有 RPC、SQL、NFS。

表示层如同应用程序和网络之间的翻译官，将数据按照网络能理解的方案进行格式化，这种格式化也因所使用网络的类型不同而不同。表示层管理数据的解密与加密、数据转换、格式化和文本压缩。表示层常见的协议有 JPEG、ASCI、GIF、DES、MPEG。

应用层负责对软件提供接口以使程序能使用网络服务，如事务处理程序、文件传送协议和网络管理等。本层常见的协议有 HTTP、Telnet、FTP、SMT。

（6）参考答案：B

试题解析　信息系统设备的安全是信息系统安全的首要问题，主要包括 3 个方面：设备的稳定性——设备在一定时间内不出故障的概率；设备的可靠性——设备能在一定时间内正常执行任务的概率；设备的可用性——设备随时可以正常使用的概率。

（7）参考答案：C

试题解析　虚拟现实技术的主要特征包括沉浸性、交互性、多感知性、构想性和自主性。
沉浸性：指让用户成为并感受到自己是计算机系统所创造环境中的一部分。
交互性：指用户对模拟环境内物体的可操作程度和从环境得到反馈的自然程度。
多感知性：表示计算机技术应该拥有很多感知方式，比如听觉，触觉，嗅觉等。
构想性：也称想象性，使用者在虚拟空间中可以与周围物体进行互动，可以拓宽认知范围，创造客观世界不存在的场景或不可能发生的环境。
自主性：自主性指虚拟环境中物体依据物理定律动作的程度。如当受到力的推动时，物体会向力的方向移动、翻倒或从桌面落到地面等。

（8）参考答案：B

试题解析　按照云计算服务提供的资源层次，可以分为基础设施即服务（Infrastructure as a Service，IaaS）、平台即服务（Platform as a Service，PaaS）和软件即服务（Software as a Service，SaaS）三种服务类型。

IaaS 向用户提供计算机能力、存储空间等基础设施方面的服务。这种服务模式需要较大的基础设施投入和长期运营管理经验，但 IaaS 服务单纯出租资源的盈利能力有限。

PaaS 向用户提供虚拟的操作系统、数据库管理系统、Web 应用等平台化的服务。

SaaS 向用户提供应用软件（如 CRM、办公软件等）、组件、工作流等虚拟化软件的服务，SaaS 一般采用 Web 技术和 SOA 架构，通过 Internet 向用户提供多租户、可定制的应用能力，大大缩短了软件产业的渠道链条，减少了软件升级、定制和运行维护的复杂程度，并使软件提供商从软件产品的生产者转变为应用服务的运营者。

（9）参考答案：C

🖎试题解析　IT服务质量模型中关于服务质量特性的分类如下图所示。

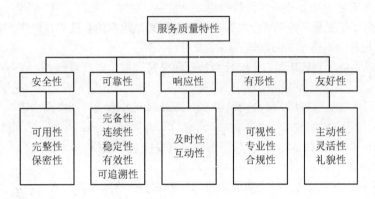

（10）参考答案：B

🖎试题解析　服务部署的关键成功因素主要包括：确定可度量的里程碑和交付物以及交付物的验收标准；对服务资源的准确预测并确保资源的可用性和连续性；管理与统一服务相关干系人的期望；服务目标清晰；形成标准操作程序或作业指导书。

（11）参考答案：A

🖎试题解析　质量功能展开（Quality Function Deployment，QFD）将软件需求分为3类，分别是常规需求、期望需求和意外需求。

常规需求：用户认为系统应该做到的功能或性能，实现得越多，用户会越满意。

期望需求：用户想当然认为系统应具备的功能或性能，但并不能正确描述自己想要得到的这些功能或性能需求。如果期望需求没有得到实现，会让用户感到不满意。

意外需求：意外需求也称为兴奋需求，是用户要求范围外的功能或性能（但通常是软件开发人员很乐意赋予系统的技术特性），实现这些需求用户会更高兴，但不实现也不影响其购买的决策。

（12）参考答案：B

🖎试题解析　WPDRRC是一种综合的信息安全保障体系，也是一种能力模型，它包括六个环节和三大要素。六个环节：预警（W）、保护（P）、检测（D）、响应（R）、恢复（R）和反击（C），它们具有较强的时序性和动态性，能够较好地反映出信息系统安全保障体系的预警能力、保护能力、检测能力、响应能力、恢复能力和反击能力。三大要素：人员、策略和技术。人员是核心，策略是桥梁，技术是保证。

（13）参考答案：B

🖎试题解析　结构化分析（Structured Analysis，SA）方法给出一组帮助系统分析人员产生功能规约的原理与技术，其建立模型的核心是数据字典。围绕这个核心有3个层次的模型，分别是数据模型、功能模型和行为模型（也称为状态模型）。在实际工作中，一般使用实体联系图（E-R图）

表示数据模型，用数据流图（Data Flow Diagram, DFD）表示功能模型，用状态转换图（State Transform Diagram, STD）表示行为模型。

（14）**参考答案：C**

🔖**试题解析** 第一级：信息系统受到破坏后，会对公民、法人和其他组织的合法权益造成损害，但不损害国家安全、社会秩序和公共利益。

第二级，信息系统受到破坏后，会对公民、法人和其他组织的合法权益产生严重损害，或者对社会秩序和公共利益造成损害，但不损害国家安全。

第三级，信息系统受到破坏后，会对社会秩序和公共利益造成严重损害，或者对国家安全造成损害。

第四级，信息系统受到破坏后，会对社会秩序和公共利益造成特别严重损害，或者对国家安全造成严重损害。

第五级，信息系统受到破坏后，会对国家安全造成特别严重损害。

（15）**参考答案：D**

🔖**试题解析** 备份策略是指确定需要备份的内容、备份时间和备份方式。主要有 3 种备份策略：完全备份、差分备份和增量备份。

完全备份（Full Backup）：每次都对需要进行备份的数据进行全备份。当数据丢失时，用完全备份的数据进行恢复。这种备份主要有两个缺点：一是由于每次都对数据进行全备份，会占用较多的服务器、网络、存储等资源；二是在备份数据中有大量的数据是重复的，对备份介质资源的消耗往往也较大。

差分备份（Differential Backup）：每次所备份的数据只是相对上一次完全备份之后发生变化的数据。与完全备份相比，差分备份所需时间短，而且节省了存储空间。另外，差分备份的数据恢复很方便，管理员只需两份备份数据就能对系统数据进行恢复。

增量备份（Incremental Backup）：每次所备份的数据只是相对于上一次备份后改变的数据。这种备份策略没有重复的备份数据，节省了备份数据存储空间，缩短了备份的时间，但是当进行数据恢复时就会比较复杂。如果其中有一个增量备份数据出现问题，那么后面的数据也就无法恢复了。因此增量备份的可靠性没有完全备份和差分备份高。

（16）**参考答案：A**

🔖**试题解析** 数据是一种重要的生产要素，把数据转化成可流通的数据要素，重点包含数据资源化、数据资产化两个环节。

（17）**参考答案：B**

🔖**试题解析** 当前办公软件的集成工作主要涉及流式软件和版式软件。对流式文档进行处理的软件就是流式软件，其特长在于所见即所得地编辑文档。对版式文档进行处理的软件就是版式软件，其特长在于原封不动地显示、打印、分享原文件内容，不做任何改动与编辑。金山的 WPS Office 软件是典型的流式软件。Acrobat PDF 是一种典型的版式软件，PDF 文件就是典型的版式文件。

（18）**参考答案：C**

🔖**试题解析** 操作系统集成是围绕其主要功能开展安装部署和性能优化工作，操作系统功能主要包括以下几个方面。

进程管理：其工作主要是进程调度，在单用户单任务的情况下，处理器仅为一个用户的一个任务所独占，进程管理的工作十分简单。但在多道程序或多用户的情况下，组织多个作业或任务时，就要解决处理器的调度、分配和回收等问题。

存储管理：分为存储分配、存储共享、存储保护、存储扩张（展）等功能。

设备管理：具有设备分配、设备传输控制、设备独立性等功能。

文件管理：具有文件存储空间管理、目录管理、文件操作管理、文件保护等功能。

作业管理：负责处理用户提交的任何要求。

（19）参考答案：B

🔑试题解析　相对于网络安全等级保护 1.0 技术，网络安全等级保护 2.0 技术发生变更的内容主要包括：物理和环境安全实质性变更；网络和通信安全实质性变更；设备和计算安全实质性变更；应用和数据安全实质性变更。

（20）参考答案：D

🔑试题解析　在 ISO/IEC 27000 系列标准中，给出了组织、人员、物理和技术方面的控制参考，这些控制参考是组织策划、实施和监测信息安全管理的主要内容。

（21）参考答案：A

🔑试题解析　网络切片是指从一个网络中选取特定的特性和功能，定制出的一个逻辑上独立的网络，它使得运营商可以部署功能、特性服务各不相同的多个逻辑网络，分别为各自的目标用户服务，目前定义了 3 种网络切片类型，即增强移动宽带、低时延高可靠、大连接物联网。

（22）参考答案：A

🔑试题解析　IT 服务包括基础服务、技术创新服务、数字化转型服务、业务融合服务。

基础服务指面向 IT 的基础类服务，主要包括咨询设计、开发服务、集成实施、运行维护、云服务和数据中心等。

技术创新服务指面向新技术加持下的新业态新模式的服务，主要包含智能化服务、数字服务、数字内容处理服务和区块链服务等。

数字化转型服务指支撑和服务组织数字化服务开展和创新融合业务发展的服务，主要包括数字化转型成熟度推进服务、评估评价服务、数字化监测预警服务等。

业务融合服务是指信息技术及其服务与各行业融合的服务，可面向政务、广电、教育、应急等行业。

（23）参考答案：D

🔑试题解析　常用的应用架构规划与设计的基本原则有：业务适配性原则、应用聚合化原则、功能专业化原则、风险最小化原则和资产复用化原则。

业务适配性原则：应用架构应服务和提升业务能力，能够支撑组织的业务或技术发展战略目标，同时应用架构要具备一定的灵活性和可扩展性，以适应未来业务架构发展所带来的变化。

应用聚合化原则：基于现有系统功能，通过整合部门级应用，解决应用系统多、功能分散、重叠、界限不清晰等问题，推动组织集中的"组织级"应用系统建设。

功能专业化原则：按照业务功能聚合性进行应用规划，建设与应用组件对应的应用系统，满足不同业务条线的需求，实现专业化发展。

风险最小化原则：降低系统间的耦合度，提高单个应用系统的独立性，减少应用系统间的相互依赖，保持系统层级、系统群组之间的松耦合，规避单点风险，降低系统运行风险，保证应用系统的安全稳定。

资产复用化原则：鼓励和推行架构资产的提炼和重用，满足快速开发和降低开发与维护成本的要求。规划组织级共享应用成为基础服务，建立标准化体系，在组织内复用共享。同时，通过复用服务或者组合服务，使架构具有足够的弹性以满足不同业务条线的差异化需求，支持组织业务持续发展。

（24）参考答案：B

🖊️试题解析　云原生的代码通常包括三部分：<u>业务代码、三方软件、处理非功能特性的代码</u>。其中"业务代码"指实现业务逻辑的代码；"三方软件"是业务代码中依赖的所有三方库，包括业务库和基础库；"处理非功能特性的代码"指实现高可用、安全、可观测性等非功能性能力的代码。

（25）参考答案：C

🖊️试题解析　《信息安全技术　网络安全等级保护基本要求》（GB/T 22239）把信息系统的安全保护等级分为 5 级。对于每一级，要求所具有的保护能力不同。

第一级：应能够防护免受来自个人的、拥有很少资源的威胁源发起的恶意攻击、一般的自然灾难。

第二级：应能够防护免受来自外部小型组织的、拥有少量资源的威胁源发起的恶意攻击、一般的自然灾难。

第三级：应能够在统一安全策略下防护免受来自外部有组织的团体、拥有较为丰富资源的威胁源发起的恶意攻击、较为严重的自然灾难。

第四级：应能够在统一安全策略下防护免受来自国家级别的、敌对组织的、拥有丰富资源的威胁源发起的恶意攻击、严重的自然灾难。

第五级：略。

（26）参考答案：C

🖊️试题解析　项目可以在组织的任何层级上开展。一个项目可能只涉及一个人，也可能涉及一组人；可能只涉及一个组织单元，也可能涉及多个组织的多个单元。

项目的"临时性"是指项目有明确的起点和终点。<u>"临时性"并不一定意味着项目的持续时间短。</u>

从业务价值角度看，项目旨在推动组织从一个状态转到另一个状态，从而达成特定目标，获得更高的业务价值。

可交付成果是指在某一过程、阶段或项目完成时，形成的独特并可验证的产品、成果或服务。可交付成果可能是有形的，也可能是无形的。实现项目目标可能会产生一个或多个可交付成果。

（27）参考答案：D

🖊️试题解析　在项目生命周期内的一个或多个阶段通常会对产品、服务或成果进行开发，开发生命周期可分为预测型（计划驱动型）、迭代型、增量型、适应型（敏捷型）和混合型多种类型。

预测型生命周期：采用预测型开发方法的生命周期适用于已经充分了解并明确确定需求的项目，又称为瀑布型生命周期。预测型生命周期在生命周期的早期阶段确定项目范围、时间和成本，对任何范围的变更都要进行严格管理，每个阶段都只进行一次，每个阶段都侧重于某一特定类型的工作。

迭代型生命周期：采用迭代型生命周期的项目范围通常在项目生命周期的早期确定，但时间及成本会随着项目团队对产品理解的不断深入而定期修改。

增量型生命周期：采用增量型生命周期的项目通过在预定的时间区间内渐进增加产品功能的一系列迭代来产出可交付成果。只有在最后一次迭代之后，可交付成果具有了必要和足够的能力，才能被视为完整的。

迭代方法和增量方法的区别：迭代方法是通过一系列重复的循环活动来开发产品，而增量方法是渐进地增加产品的功能。

适应型生命周期：采用适应型开发方法的项目又称敏捷型或变更驱动型项目，适合于需求不确定，不断发展变化的项目。在每次迭代前，项目和产品愿景的范围被明确定义和批准，每次迭代（又称"冲刺"）结束时，客户会对具有功能性的可交付物进行审查。

混合型生命周期：混合型生命周期是预测型生命周期和适应型生命周期的组合。

（28）**参考答案：A**

🔑**试题解析**　技术可行性分析一般应考虑的因素包括以下几个方面。

进行项目开发的风险：在给定的限制范围和时间期限内，能否设计出预期的系统，并实现必需的功能和性能。

人力资源的有效性：用于项目开发的技术人员队伍是否可以建立，是否存在人力资源不足、技术能力欠缺等问题，是否可以在社会上或者通过培训获得所需要的熟练技术人员。

技术能力的可能性：相关技术的发展趋势和当前所掌握的技术是否支持该项目的开发，是否存在支持该技术的开发环境、平台和工具。

物资（产品）的可用性：是否存在可用于建立系统的其他资源，如一些设备及可行的替代产品等。

（29）**参考答案：D**

🔑**试题解析**　项目评估工作一般可按以下程序进行：①成立评估小组——进行分工，制订评估工作计划（包括评估目的、评估内容、评估方法和评估进度等）；②开展调查研究——收集数据资料，并对可行性研究报告和相关资料进行审查和分析，尽管大部分数据在可行性报告中已经提供，但评估单位必须站在公正的立场上，核准已有数据的可靠性，并收集补充必要的数据资料，以提高评估的准确性；③分析与评估——在上述工作的基础上，按照项目评估内容和要求，对项目进行技术经济分析和评估；④编写、讨论、修改评估报告；⑤召开专家论证会；⑥评估报告定稿并发布。

（30）**参考答案：C**

🔑**试题解析**　常见的复杂性来源包括：人类行为；系统行为；不确定性和模糊性；技术创新。

（31）**参考答案：B**

🔑**试题解析**　项目管理分为十大知识域：整合项目管理，项目范围管理，项目进度管理，项目成本管理，项目质量管理，项目资源管理，项目沟通管理，项目风险管理，项目采购管理，项目干系人管理。

从项目过程的角度，又可把项目管理分为5个过程组：启动过程组，规划过程组，执行过程组，监控过程组，收尾过程组。

项目资源管理的主要工作是识别、获取和管理所需资源以成功完成项目，所包括的过程有：规

第4套

划资源管理、估算活动资源、获取资源、建设团队、管理团队、控制资源。因此说，估算活动资源属于规划资源管理知识域。

（32）**参考答案**：C

试题解析 识别干系人是定期识别项目干系人，分析和记录他们的利益、参与度、相互依赖性、影响力和对项目成功的潜在影响的过程。本过程的主要作用是使项目团队能够建立对每个干系人或干系人群体的适度关注。识别干系人不是启动阶段一次性的活动，而是在项目过程中根据需要在整个项目期间定期开展。识别干系人管理过程通常在编制和批准项目章程之前或同时首次开展，之后在项目生命周期过程中根据需要重复开展，至少应在每个阶段开始时，以及项目或组织出现重大变化时重复开展。每次重复开展识别干系人管理过程，都应通过查阅项目管理计划组件及项目文件，来识别有关的项目干系人。

（33）**参考答案**：B

试题解析 需求管理计划是项目管理计划的组成部分，描述将如何分析、记录和管理项目和产品需求。需求管理计划的主要内容包括：如何规划、跟踪和报告各种需求活动；配置管理活动，例如，如何启动变更，如何分析其影响，如何进行追溯、跟踪和报告，以及变更审批权限；需求优先级排序过程；测量指标及使用这些指标的理由；反映哪些需求属性将被列入跟踪矩阵等。

（34）**参考答案**：C

试题解析 需求的类别一般包括业务需求、干系人需求、解决方案需求、过渡和就绪需求、项目需求、质量需求等。

业务需求：整个组织的高层级需要，如解决业务问题或抓住业务机会，以及实施项目的原因。

干系人需求：干系人的需要。

解决方案需求：为满足业务需求和干系人需求，产品、服务或成果必须具备的特性、功能和特征。解决方案需求又可以进一步分为功能需求和非功能需求。功能需求描述产品应具备的功能，例如，产品应该执行的行动、流程、数据和交互；非功能需求是对功能需求的补充，是产品正常运行所需的环境条件或质量要求，如可靠性、保密性、性能、安全性、服务水平、可支持性、保留或清除等。

过渡和就绪需求：如数据转换和培训需求，这些需求描述了从"当前状态"过渡到"将来状态"所需的临时能力。

项目需求：项目需要满足的行动、过程或其他条件，如里程碑日期、合同责任、制约因素等。

质量需求：用于确认项目可交付成果的成功完成或其他项目需求的实现的任何条件或标准，如测试、认证、确认等。

（35）**参考答案**：D

试题解析 创建工作分解结构（WBS）是把项目可交付成果和项目工作分解为较小的、更易于管理的组件的过程。本过程的主要作用是为所要交付的内容提供架构。本过程仅开展一次或仅在项目的预定义点开展。

WBS 最低层的组成部分称为工作包，其中包括计划的工作。工作包对相关活动进行归类，以便对工作安排进度、估算、监督与控制。在"工作分解结构"这个词语中，"工作"是指作为活动结果的工作产品或可交付成果，而不是活动本身。

（36）**参考答案：B**

🖉**试题解析**　活动定义的输出包括：活动清单；活动属性；里程碑清单；变更请求；项目管理计划更新。

（37）**参考答案：C**

🖉**试题解析**　类比估算是一种使用相似活动或项目的历史数据来估算当前活动或项目的持续时间或成本的技术。这是一种粗略的估算方法，在项目详细信息不足时，经常使用类比估算来估算项目持续时间。相对于其他估算技术，类比估算通常成本较低、耗时较少，但准确性也较低。类比估算可以针对整个项目或项目中的某个部分进行，也可以与其他估算方法联合使用。<u>如果以往活动是本质上而不是表面上类似，并且从事估算的项目团队成员具备必要的专业知识，那么类比估算的可靠性会比较高。</u>

参数估算是一种基于历史数据和项目参数使用某种算法来计算成本或持续时间的估算技术。参数估算的准确性取决于参数模型的成熟度和基础数据的可靠性。参数估算可以针对整个项目或项目中的某个部分，并可以与其他估算方法联合使用。

历史数据不充分时，通过考虑估算中的不确定性和风险，可以提高活动持续时间估算的准确性。使用三点估算有助于界定活动持续时间的近似区间。

基于持续时间在三种估算值区间内的假定分布情况，可计算期望持续时间 T_e。

如果三个估算值服从三角分布，则：

$$T_e=(T_o+T_m+T_p)/3$$

如果三个估算值服从 β 分布，则：

$$T_e=(T_o+4T_m+T_p)/6$$

（38）**参考答案：C**

🖉**试题解析**　进度压缩技术包括赶工和快速跟进。

赶工是通过增加资源以最小的成本代价来压缩进度工期的一种技术。赶工的例子包括批准加班、增加额外资源或支付加急费用，据此来加快关键路径上的活动。赶工只适用于那些通过增加资源就能缩短持续时间的且位于关键路径上的活动。但赶工并非总是切实可行的，因为它可能导致风险和/或成本的增加。

<u>快速跟进是一种进度压缩技术，将正常情况下按顺序进行的活动或阶段改为至少部分并行开展。</u>快速跟进可能造成返工和风险增加，所以它只适用于能够通过并行活动来缩短关键路径上的项目工期的情况。若进度加快而使用提前量通常会增加相关活动之间的协调工作，并增加质量风险。快速跟进还有可能增加项目成本。

（39）**参考答案：B**

🖉**试题解析**　质量成本分为一致性成本（由于规避失败所产生的成本）和不一致成本（由于失败所产生的成本）。

一致性成本又分为预防成本（培训成本、文件过程成本、设备成本、时间成本等）和评估成本（测试成本、破坏性试验损失成本、检查成本等）。

不一致成本又分为内部失败成本（报废成本、返工成本等）和外部失败成本（债务成本、保修工作成本、失去业务成本等）。

（40）参考答案：B

🖋试题解析 资源分解结构是资源依类别和类型的层级展开。资源类别包括（但不限于）人力、材料、设备和用品，资源类型则包括技能水平、要求证书、等级水平或适用于项目的其他类型。

（41）参考答案：B

🖋试题解析 按风险的可预测性划分，风险可以分为已知风险、可预测风险和不可预测风险。

已知风险是在认真、严格地分析项目及其计划之后就能够明确的那些经常发生而且其后果亦可预见的风险。已知风险发生概率高，但一般后果轻微，不严重。项目管理中已知风险的例子：项目目标不明确，过分乐观的进度计划，设计或施工变更，材料价格波动等。

可预测风险是根据经验可以预见其发生，但不可预见其后果的风险。这类风险的后果有时可能相当严重。项目管理中的例子：业主不能及时审查批准，分包商不能及时交工，施工机械出现故障，不可预见的地质条件等。

不可预测风险是有可能发生但其发生的可能性即使最有经验的人亦不能预见的风险。不可预测风险有时也称为未知风险或未识别的风险。它们是新的、以前未观察到或很晚才显现出来的风险。这些风险一般是外部因素作用的结果，如地震、百年不遇的暴雨、通货膨胀、政策变化等。

（42）参考答案：B

🖋试题解析 实施定性风险分析是通过评估单个项目风险发生的概率和影响以及其他特征，对风险进行优先级排序，从而为后续分析或行动提供基础的过程。本过程的主要作用是"重点关注高优先级的风险"。

（43）参考答案：B

🖋试题解析 针对威胁，可以考虑以下5种备选的应对策略：上报、规避、转移、减轻和接受。

上报：如果项目团队或项目发起人认为某威胁不在项目范围内，或提议的应对措施超出了项目经理的权限，就应该采用上报策略。被上报的风险将在项目集层面、项目组合层面或组织的其他相关部门加以管理，而非项目层面。威胁一旦上报，就不再由项目团队做进一步监督，虽然仍可出现在风险登记册中供参考。

规避：风险规避是指项目团队采取行动来消除威胁，或保护项目免受威胁的影响。它可能适用于发生概率较高且具有严重负面影响的高优先级的威胁。规避策略可能涉及变更项目管理计划的某些方面，或改变会受负面影响的目标，以便于彻底消除威胁，将它的发生概率降低到零。风险责任人也可以采取措施来分离项目目标与风险万一发生的影响。规避措施可能包括消除威胁的原因、延长进度计划、改变项目策略，或缩小范围。有些风险可以通过澄清需求、获取信息、改善沟通或取得专有技能来加以规避。

转移：转移涉及将应对威胁的责任转移给第三方，让第三方管理风险并承担威胁发生的影响。采用转移策略，通常需要向承担威胁的一方支付风险转移费用。风险转移可能需要通过一系列行动才能得以实现，主要包括购买保险、使用履约保函、使用担保书、使用保证书等。也可以通过签订协议，把具体风险的归属和责任转移给第三方。

减轻：风险减轻是指采取措施来降低威胁发生的概率和影响。提前采取减轻措施通常比威胁出现后尝试进行弥补更加有效。减轻措施包括采用较简单的流程、进行更多次测试、选用更可靠的卖方等，还可能涉及原型开发，以降低从实验台模型放大到实际工艺或产品中的风险。如果无法降低概率，也许可以从决定风险严重性的因素入手，来减轻风险发生的影响。例如，<u>在一个系统中加入冗余部件，可减轻原始部件故障所造成的影响</u>。

接受：风险接受是指承认威胁的存在。此策略可用于低优先级的威胁，也可用于无法以任何其他方式经济、有效地应对的威胁。接受策略又分为主动或被动方式。<u>最常见的主动接受策略是建立应急储备，包括预留时间、资金或资源，以应对出现的威胁</u>；被动接受策略则不会主动采取行动，而只是定期对威胁进行审查，确保其并未发生重大改变。

（44）**参考答案**：C

试题解析　在 CPIF（Cost Plus Incentive Fee）合同下，如果实际成本大于目标成本，卖方可以得到的付款总数为"目标成本+目标费用+买方应负担的成本超支"；如果实际成本小于目标成本，则卖方可以得到的付款总数为<u>"目标成本+目标费用−买方应享受的成本节约"</u>。

根据题意：$10+1-1×40\%=10.6$（万元）。

（45）**参考答案**：A

试题解析　<u>项目进度计划对规划采购管理过程中的采购策略制订有重要影响</u>。在制订采购管理计划时所做出的决定也会影响项目进度计划。在开展制订进度计划过程、估算活动资源过程以及自制或外购决策制订时，都需要考虑这些决定。

（46）**参考答案**：D

试题解析　工作绩效数据是在执行项目工作的过程中，从每个正在执行的活动中收集到的原始观察结果和测量值。数据通常是最低层次的细节，将交由其他过程从中提炼并形成信息。在工作执行过程中收集数据，再交由 10 大知识领域的相应的控制过程做进一步分析。例如，工作绩效数据包括已完成的工作、<u>关键绩效指标（KPI）</u>、技术绩效测量结果、进度活动的实际开始日期和完成日期、已完成的故事点、可交付成果状态、<u>进度进展情况</u>、<u>变更请求的数量</u>、缺陷的数量、实际发生的成本和实际持续时间等。

（47）**参考答案**：D

试题解析　知识管理最重要的环节就是营造一种相互信任的氛围，激励人们分享知识或关注他人的知识。知识管理的重点是把现有的知识条理化和系统化，以便更好地加以利用。同时，还要基于这些条理化和系统化的知识，以及对这些知识的实践来生成新的知识。

<u>管理项目知识的关键活动是知识分享和知识集成。</u>

（48）**参考答案**：D

试题解析　在管理质量过程中，要基于过程分析的结果，用质量改进方法去做过程改进。过程改进旨在使生产过程更加顺畅、稳定，减少生产过程中的浪费及降低产品缺陷率。可以用来做过程改进的方法有很多，如<u>戴明环、六西格玛、精益生产和精益六西格玛</u>等。

（49）**参考答案**：A

试题解析　<u>虚拟团队特别需要有效的沟通管理计划与真正的团队建设</u>。应该在项目关键时点（如阶段开始或结束时）把虚拟团队成员召集在一起进行临时的集中办公（如开会），以加强团队建设。

（50）**参考答案**：C

试题解析　有一种关于团队发展的模型叫塔克曼阶梯理论，在该理论中提出团队建设通常要经过形成阶段、震荡阶段、规范阶段、成熟阶段和解散阶段。通常这五个阶段按顺序进行，有时团队也会停滞在某个阶段或退回到较早的阶段；而如果团队成员曾经共事过，项目团队建设也可跳过某个阶段。

形成阶段：团队成员相互认识，并了解项目情况及他们在项目中的正式角色与职责。在这一阶段，团队成员倾向于相互独立，不一定开诚布公。

震荡阶段：团队开始从事项目工作、制定技术决策和讨论项目管理方法。如果团队成员不能用合作和开放的态度对待不同观点和意见，团队环境可能变得事与愿违。

规范阶段：团队成员开始协同工作，并调整各自的工作习惯和行为来支持团队，团队成员会学习相互信任。

成熟阶段：团队就像一个组织有序的单位那样工作，团队成员之间相互依靠，平稳高效地解决问题。

解散阶段：团队完成所有工作，团队成员离开项目。通常在项目可交付成果完成之后或者在结束项目或阶段过程中释放人员、解散团队。

某个阶段持续时间的长短，取决于团队活力、团队规模和团队领导力。项目经理应该对团队活力有较好的理解，以便有效地带领团队经历所有阶段。

（51）**参考答案**：C

试题解析　人际关系与团队技能包括：冲突管理，制定决策，情商，影响力，领导力。

冲突是指双方或多方的意见不一致，冲突是不可避免的，而且适当数量和性质的冲突是有益的。有效的冲突管理，有利于加强团队建设、提高项目绩效。

决策包括谈判能力以及影响组织与项目管理团队的能力。

情商指识别、评估和管理个人情绪、他人情绪及团体情绪的能力。

影响力主要体现在说服他人、清晰表达观点和立场、积极且有效地倾听、了解并综合考虑各种观点、收集相关信息等方面，在维护相互信任的关系下，解决问题并达成一致意见。

领导力是领导团队、激励团队做好本职工作的能力。

（52）**参考答案**：B

试题解析　实施采购是获取卖方应答、选择卖方并授予合同的过程。本过程的主要作用是选定合格卖方并签署关于货物或服务交付的法律协议。本过程的最后成果是签订的协议，包括正式合同。本过程应根据需要在整个项目期间定期开展。

（53）**参考答案**：C

试题解析　控制图用于确定一个过程是否稳定，或者是否具有可预测的绩效。虽然控制图最常用来跟踪批量生产中的重复性活动，但也可用来监测成本与进度偏差、产量、范围变更频率或其他管理工作成果，以便帮助确定项目管理过程是否受控。

（54）**参考答案**：D

试题解析　控制范围是监督项目和产品的范围状态，管理范围基准变更的过程。本过程的主要作用是在整个项目期间保持对范围基准的维护，且需要在整个项目期间开展。

（55）（56）**参考答案**：C　C

试题解析　首先根据题干给出的活动信息表绘制出项目的网络图，如下图所示。

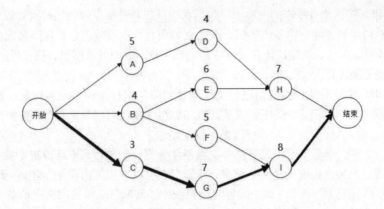

　　由上图可知，C-G-I 这条路径活动持续时间之和最长，所以 C-G-I 是关键路径，<u>总工期为 18 天</u>。

　　总时差也称总宽裕时间，它是指在不耽误项目总工期的前提下，某活动所拥有的机动时间。对于 A 活动，其所在的路径总长度为 16，因此 <u>A 活动有 18−16=2（天）的总时差</u>。

　　（57）参考答案：A

　　🖊试题解析　甲项目：SPI=230/200=1.15，进度超前；　CPI=230/220≈1.05，成本节约。

　　乙项目：SPI=205/200=1.025，进度超前；CPI=205/200=1.025，成本节约。

　　丙项目：SPI=190/200=0.95，进度滞后；CPI=190/160≈1.19，成本节约。

　　丁项目：SPI=200/200=1，进度恰好符合计划；CPI=200/200=1，成本恰好符合计划。

　　综合比较，<u>甲项目更可能按时完工，且能更好地控制成本</u>。

　　（58）参考答案：B

　　🖊试题解析　应在所有项目阶段和整个项目生命周期期间持续开展控制资源过程，且适时、适地和适量地分配和释放资源，使项目能够持续进行。<u>控制资源过程重点关注实物资源，如设备、材料、设施和基础设施</u>。

　　（59）参考答案：B

　　🖊试题解析　控制风险的输入有：项目管理计划（风险管理计划）；项目文件（问题日志，经验教训登记册，风险登记册，<u>风险报告）；工作绩效数据；工作绩效报告</u>。

　　（60）参考答案：D

　　🖊试题解析　如果合同双方无法自行解决索赔问题，则可能不得不按合同中规定的程序，用可选争议解决方案（Alternative Dispute Resolution，ADR）去处理。<u>谈判是解决所有索赔和争议的首选方法</u>。

　　<u>检查是指对承包商正在执行的工作进行结构化审查</u>，可能涉及对可交付成果的简单审查，或对工作本身的实地审查。在施工、工程和基础设施建设项目中，检查包括买方和承包商联合巡检现场，以确保双方对正在进行的工作有共同的认识。

　　<u>审计是对采购过程的结构化审查</u>。应该在采购合同中明确规定与审计有关的权利和义务。<u>买卖双方的项目经理都应该关注审计结果，以便对项目进行必要的调整</u>。

　　（61）参考答案：A

试题解析 <u>工作绩效报告的内容一般包括状态报告和进展报告。</u>工作绩效报告可以包含挣值图表和信息、趋势线和预测、储备燃尽图、缺陷直方图、合同绩效信息和风险情况概述。工作绩效报告可以表示为引起关注、制定决策和采取行动的仪表盘、大型可见图表、任务板、燃烧图等形式。

（62）**参考答案：** C

试题解析 实施整体变更控制过程贯穿项目始终，项目经理对此承担最终责任。变更请求可能影响项目范围、产品范围以及任何项目管理计划组件或任何项目文件。在整个项目生命周期的任何时间，参与项目的任何干系人都可以提出变更请求。

<u>在基准确定之前，变更无须正式受控并实施整体变更控制过程。</u>一旦确定了项目基准，就必须通过实施整体变更控制过程来处理变更请求。尽管变更可以口头提出，但所有变更请求都必须以书面形式记录，并纳入变更管理和（或）配置管理系统中。每项记录在案的变更请求都必须由一位责任人批准、推迟或否决，这个责任人通常是项目发起人或项目经理。应该在项目管理计划或组织程序中指定这位责任人，必要时，应该由 CCB 来开展实施整体变更控制过程。

（63）**参考答案：** A

试题解析 一般的项目总结会应讨论的内容：项目目标；技术绩效；成本绩效；进度计划绩效；<u>项目的沟通；识别问题和解决问题；意见和改进建议。</u>

（64）**参考答案：** A

试题解析 信息（文档）的规范化管理主要体现在文档书写规范、图表编号规则、文档目录编写标准和文档管理制度等几个方面。

<u>文档书写规范：</u>管理信息系统的文档资料涉及文本、图形和表格等多种类型，无论是哪种类型的文档都应该遵循统一的书写规范，包括符号的使用、图标的含义、程序中注释行的使用、注明文档书写人及书写日期等。<u>例如，在程序的开始要用统一的格式包含程序名称、程序功能、调用和被调用的程序、程序设计人等信息。</u>

图表编号规则：在管理信息系统的开发过程中会用到很多的图表，对这些图表进行有规则的编号，可以方便查找图表。图表的编号一般采用分类结构。

文档目录编写标准：为了存档及未来使用的方便，应该编写文档目录。管理信息系统的文档目录中应包含文档编号、文档名称、格式或载体、份数、每份页数或件数、存储地点、存档时间、保管人等。文档编号一般为分类结构，可以采用同图表编号类似的编号规则。

文档管理制度：为了更好地进行信息系统文档的管理，应该建立相应的文档管理制度。文档的管理制度须根据组织实体的具体情况而定，主要包括建立文档的相关规范、文档借阅记录的登记制度、文档使用权限控制规则等。

（65）**参考答案：** C

试题解析 信息系统的开发项目中须加以控制的配置项可以分为基线配置项和非基线配置项两类。基线配置项可能包括所有的设计文档和源程序等；非基线配置项可能包括项目的各类计划和报告等。<u>所有配置项的操作权限应由配置管理员严格管理</u>，基本原则是：基线配置项向开发人员开放读取的权限；非基线配置项向项目经理、CCB 及相关人员开放。

（66）**参考答案：** C

试题解析 配置项识别是针对所有信息系统组件的关键配置，以及各配置项间的关系和配

第 4 套

置文档等结构进行识别的过程。它包括为配置项分配标识和版本号等。

配置状态报告也称配置状态统计，其任务是有效地记录和报告管理配置所需要的信息，目的是及时、准确地给出配置项的当前状况，供相关人员了解，以加强配置管理工作。配置状态报告就是要在某个特定的时刻观察当时的配置状态，也就是要对动态演化着的配置项取个瞬时的"照片"，以利于在状态报告信息分析的基础上，更好地进行控制。

功能配置审计是审计配置项的一致性（配置项的实际功效是否与其需求一致），具体验证主要包括：配置项的开发已圆满完成；配置项已达到配置标识中规定的性能和功能特征；配置项的操作和支持文档已完成并且符合要求等。

物理配置审计是指审计配置项的完整性（配置项的物理存在是否与预期一致），具体验证主要包括：要交付的配置项是否存在；配置项中是否包含了所有必需的项目等。

（67）**参考答案**：A

✎**试题解析**　变更管理应遵循以下原则。

基准管理：基准是变更的依据，每次变更通过评审后，都应重新确定基准。

变更控制流程化：建立或选用符合项目需要的变更管理流程，所有变更都必须遵循这个控制流程进行控制。

明确组织分工：至少应明确变更相关工作的评估、评审、执行的职能。

与干系人充分沟通：须征求项目重要干系人的意见，获得其对项目变更的支持。

变更的及时性：变更宜早不宜晚，只做必须要变更的。

评估变更的可能影响：变更的来源是多样的，既需要完成对客户可见的成果、交付期等变更操作，还需要完成对客户不可见的项目内部工作的变更，如实施方的人员分工、管理工作、资源配置等。

妥善保存变更产生的相关文档：确保其完整、及时、准确、清晰，适当时可以引入配置管理工具。

（68）**参考答案**：C

✎**试题解析**　监理大纲是监理单位承担信息系统工程项目的监理及相关服务的法律承诺。监理大纲的编制应针对业主单位对监理工作的要求,明确监理单位所提供的监理及相关服务目标和定位，确定具体的工作范围、服务特点、组织机构与人员职责、服务保障和服务承诺。

监理规划是实施监理及相关服务工作的指导性文件。监理规划的编制应针对项目的实际情况，明确监理机构的工作目标，确定具体的监理工作制度、方法和措施。

监理机构按照监理规划中规定的工作范围、内容、制度和方法等编制监理细则，开展具体的监理及相关服务工作。监理细则应符合监理规划的要求，结合工程及相关服务项目的专业特点，具有可操作性。

（69）**参考答案**：C

✎**试题解析**　招标阶段监理服务的基础活动主要包括：①在业主单位授权下，参与业主单位招标前的准备工作，协助业主单位编制项目的工作计划；②在业主单位授权下，参与招标文件的编制，并对招标文件的内容提出监理意见；③在业主单位授权下，协助业主单位进行招标工作，如委托招标，审核招标代理机构资质是否符合行业管理要求；④向业主单位提供招投标咨询服务；⑤在业主单位授权下，参与承建合同的签订过程，并对承建合同的内容提出监理意见。

（70）**参考答案：B**

🔖**试题解析**　专利法规定发明创造是指发明、实用新型和外观设计。发明是指对产品、方法或者其改进所提出的新的技术方案。实用新型是指对产品的形状、构造或者其结合所提出的适于实用的新的技术方案。外观设计是指对产品的整体或者局部的形状、图案或者其结合以及色彩与形状、图案的结合所作出的富有美感并适于工业应用的新设计。

《中华人民共和国著作权法》对著作权保护及其具体实施作出了明确的规定。

《中华人民共和国商标法》是信息化领域政策法规的重要的法律基础之一。国务院工商行政管理部门商标局主管全国商标注册和管理的工作。国务院工商行政管理部门设立商标评审委员会，负责处理商标争议事宜。<u>经商标局核准注册的商标为注册商标，包括商品商标、服务商标和集体商标、证明商标；</u>商标注册人享有商标专用权，受法律保护。

《中华人民共和国网络安全法》是我国第一部全面规范网络空间安全管理方面问题的基础性法律。适用于在中华人民共和国境内建设、运营、维护和使用网络，以及网络安全的监督管理。

《中华人民共和国数据安全法》于2021年9月1日起正式施行。数据安全法作为数据安全领域最高位阶的专门法，与网络安全法一起补充了《中华人民共和国国家安全法》框架下的安全治理法律体系，更全面地提供了国家安全在各行业、各领域保障的法律依据。同时，数据安全法延续了网络安全法生效以来的"一轴两翼多级"的监管体系，通过多方共同参与实现各地方、各部门对工作集中收集和产生数据的安全管理。

（71）**参考答案：A**

🔖**参考译文**　（71）是一种计算机技术，它使用头戴式设备，有时与物理空间或多投影环境联合，在一个虚拟或想象的环境中，模拟用户的物理表现来生成逼真的图像、声音和其他感知。

（71）A．<u>虚拟现实</u>　　B．云计算　　　C．大数据　　　D．互联网+

（72）**参考答案：A**

🔖**参考译文**　（72）是以非对称加密算法为基础，以改进的默克尔树（Merkle Tree）为数据结构，使用共识机制、点对点网络、智能合约等技术结合而成的一种分布式存储数据库技术。

（72）A．云服务　　　B．<u>区块链</u>　　　C．物联网　　　D．人工智能

（73）**参考答案：A**

🔖**参考译文**　识别干系人属于（73）过程组。

（73）A．<u>启动</u>　　　B．计划　　　C．执行　　　D．监控

（74）**参考答案：B**

🔖**参考译文**　（74）是为使项目的绩效与项目管理计划重归一致而进行的有目的的活动。

（74）A．预防措施　　B．<u>纠正措施</u>　　C．缺陷补救　　D．更新

（75）**参考答案：C**

🔖**参考译文**　（75）是在分解WBS过程中产生的文档，用于支撑WBS，它更加详细地描述了WBS中的组件。

（75）A．项目章程　　B．范围说明书　　C．<u>WBS字典</u>　　D．活动清单

系统集成项目管理工程师机考试卷　第4套
应用技术参考答案/试题解析

试题一　参考答案/试题解析

【问题1】参考答案

造成项目中所述问题的可能原因：①老李对新员工的工作能力和团队合作素质没有进行考察；②老李没有开展有效的团队建设；③老李未及时处理冲突；④老李对人员的绩效评估缺乏有效的考核手段；⑤老李未进行有效的团队管理，团队内部负面情绪较重；⑥老李没有对资源进行有效控制，水污染自动监测设备未能按时提供给项目；⑦没有对进度进行有效控制，导致进度滞后。

【问题2】参考答案

塔克曼阶梯理论中提出团队建设通常要经过五个阶段：形成阶段、震荡阶段、规范阶段、成熟阶段和解散阶段。目前团队处于震荡阶段。

【问题3】参考答案

常用的冲突解决方法有：撤退/回避；缓和/包容；妥协/调解；强迫/命令；合作/解决问题。

试题解析　冲突的发展一般分为五个阶段：潜伏阶段，感知阶段，感受阶段，呈现阶段，结束阶段。当冲突位于潜伏阶段或感知阶段时，重点是预防冲突。在冲突位于感受阶段或呈现阶段时，重点是解决冲突。解决冲突一般有5种方法。

撤退/回避：从实际或潜在冲突中退出，将问题推迟到准备充分的时候，或者将问题推给其他人解决。

缓和/包容：强调一致而非差异，为维持和谐与关系而退让一步，考虑其他方的需要。

妥协/调解：为了暂时或部分解决冲突，寻找能让各方都在一定程度上满意的方案，这种方法有时会导致"双输"局面。

强迫/命令：以牺牲其他方为代价，推行某一方的观点。这种方法通常是利用权力来强行解决紧急问题，通常会导致"赢-输"局面。

合作/解决问题：综合考虑不同的观点和意见，采用合作的态度和开放式对话引导各方达成共识和承诺。这种方法可以带来"双赢"局面。

试题二　参考答案/试题解析

【问题1】参考答案

（1）时标　　（2）18天　　（3）A-D-E-F

试题解析　项目进度网络图用来表示活动及其之间的关系，但通常不含有时间刻度。而包含时间刻度的项目进度网络图，称为时标图。时标图中，可以知道各个活动的开始时间及完成时间，也可以直接读出项目的总工期（最后一个节点对应的时间刻度）。

网络图中，完全为直线的路径为关键路径（折线表示"松弛时间"）。

【问题2】参考答案

至少需要8人，活动C推迟6天开始。

试题解析 除了可以直接看出来关键路径、项目工期之外，时标图还有两个好处：一是可以直观显示并行人员（各并行路径皆为实线的人员数量之和）；另一个就是可以通过图中的折线，直接测量出各活动的松弛时间。

【问题3】参考答案

BAC=(2×2+5×5+3×5+3×4+5×5+6×6)×1=117（万元）。

试题解析 BAC（Budget at Completion）即项目完工预算，它等于各活动计划价值（Planned Value，PV）之和。

BAC加上管理储备就等于项目总预算；BAC与PV都是成本基准，但BAC是项目总的成本基准，而PV是分配到各活动上的成本基准；成本基准中包含应急储备，但不包含管理储备（大家需仔细区别上述这几个概念在名称与含义上的区别，相关知识点年年必考）。

本题题干中给出了预算单价为1万元/（人·天），而通过时标图各节点所需的人数，又可以算出项目所需的总人天数，从而可以算出BAC。

【问题4】参考答案

PV=A+B+C+D=56万元

EV=A+C+D+3/5×B+2/5×E=60（万元）

AC=65万元

CPI=EV/AC=60/65=0.92，因为CPI小于1，所以成本节约。

SPI=EV/PV=60/56=1.07，因为SPI大于1，所以进度超前。

试题解析 本题的解答已经很完整，也没什么难度，因此不再赘述解题过程。此处仅讲解一下所涉及的基本概念，因为这些概念每年都会在基础知识或应用技术卷中考到。

EV（Earned Value）即挣值，它的含义是"已完成工作原计划花多少钱"。

AC（Actual Cost）即实际成本，它的含义是"已完成的工作实际花了多少钱"。

PV（Planned Value）即计划值或称计划价值，它的含义是"某项活动计划花多少钱"。

因此，我们可以通过EV/PV来衡量项目当前是超前了还是滞后了，这个比值记为SPI（Schedule Performance Index），即进度绩效指标。同时可以用EV/AC来衡量项目当前的成本是节约了还是超支了，这个比值记为CPI（Cost Performance Index），即成本绩效指数。

试题三 参考答案/试题解析

【问题1】参考答案

项目经理王工收尾管理方面还存在以下问题：①验收的流程有问题；②验收过程中只对主要功能模块进行了验收测试；③只是简单地核对了项目交付清单，没有进行正式的验收工作；④没有向客户提交验收所需的全部文档，双方也没有对文档签字确认；⑤在项目总结会议召开之前就遣散了团队成员；⑥项目总结会讨论的内容不全面。

【问题2】参考答案

系统集成项目在验收阶段主要包含四方面的工作内容：①验收测试；②系统试运行；③系统文档验收；④项目终验。

【问题3】参考答案

不恰当。项目总结会议应该由全体项目成员共同参与，并且要在项目总结会议结束之后再进行人员的遣散，而不是先遣散人员再召开总结会议。

【问题4】参考答案

总结会议讨论的内容还应包括：①项目绩效；②技术绩效；③项目的沟通；④识别问题和解决问题；⑤意见和建议。

试题四　参考答案/试题解析

【问题1】参考答案

项目实施在配置管理方面的问题主要包括：①小杨不能一个人编制配置管理计划，需要相关干系人参与；②小杨不能直接发布配置管理计划，需要审批；③小杨不能给小张和各小组长开放所有的配置权限；④小杨不能直接决定是否批准变更请求；⑤小杨不能删除旧的代码；⑥没有按照配置控制中的变更流程处理相关变更；⑦软件人员不能随意地从配置库中提取要修改的代码段；⑧修好完成的并经过测试的代码段不能随意放入配置库，也需要经过审批通过后才能放入；⑨版本管理存在问题，代码修改后不能使用原来的版本号。

【问题2】参考答案

功能配置审计是审计配置项的一致性（配置项的实际功效是否与其需求一致），具体验证主要包括：配置项的开发已圆满完成；配置项已达到配置标识中规定的性能和功能特征；配置项的操作和支持文档已完成并且符合要求等。

物理配置审计是指审计配置项的完整性（配置项的物理存在是否与预期一致），具体验证主要包括：要交付的配置项是否存在；配置项中是否包含了所有必需的项目等。

【问题3】参考答案

（1）C　（2）D　（3）A　（4）G　（5）B　（6）F　（7）E

系统集成项目管理工程师机考试卷 第5套
基础知识

- 《"十四五"国家信息化规划》明确了今后一段时间我国的信息化发展重点主要聚焦在 (1) ：
  ①密码区块链技术 ②网络安全 ③人工智能 ④数据治理 ⑤算力基础设施
  （1）A. ①③⑤   B. ①②④   C. ②③④   D. ②③⑤
- 工业互联网平台体系具有四大层级，它以 (2) 为基础， (2) 为中枢， (2) 为要素， (2) 为保障。
  （2）A. 智能化、系统、信息、安全   B. 网络、平台、数据、安全
  C. 数据、平台、技术、安全   D. 平台、系统、数据、安全
- 《关键信息基础设施安全保护条例》中明确了关键信息基础设施行业和领域范围包括 (3) 。
  ①公共通信和信息服务、金融、能源 ②交通、水利、公共服务
  ③国防科技工业、国家机关
  （3）A. ①②   B. ②③   C. ①③   D. ①②③
- 人工智能的关键技术，不包括 (4) 。
  （4）A. 机器学习   B. 自然语言处理技术
  C. 深度学习技术   D. 量子技术
- 下一代防火墙 NGFW 与传统防火墙相比，新增的功能包括 (5) 。
  （5）A. 基于应用识别的可视化   B. 入侵防御系统
  C. 智能防火墙   D. VPN 功能
- 数字签名体现了信息安全属性中的 (6) 。
  （6）A. 可用性   B. 保密性   C. 安全性   D. 不可抵赖性
- 小张是某电力公司的系统维护人员，同时也可以兼任 (7) 岗位。
  （7）A. 网络管理员   B. 数据库管理员
  C. 系统安全管理员   D. 技术方案编写专员
- 根据等级保护的相关要求，某省级银行的信息系统一般定级为 (8) 级，要求每 (8) 年做一次等保测评（包括符合性评测、风险评估）。
  （8）A. 二、半   B. 三、一   C. 四、一   D. 五、半
- 有效和高效的项目管理是一个组织的战略能力，它不能使组织做到 (9) 。
  （9）A. 有效开展市场竞争   B. 实现可持续发展
  C. 个人技能提升   D. 实现业务目标

● 关于项目、项目集、项目组合管理的比较，错误的是 (10) 。

(10) A. 项目具有明确目标，范围是在整个项目周期渐进明细的

    B. 项目集的变更，是随着项目集各组件成果（或输出的交付），必要时接受和适应变更，优化效益

    C. 项目集的范围不包括其项目组件的范围

    D. 项目组合的组织范围随着组织战略目标的变化而变化

● 关于运营与项目管理的关系，以下说法错误的是 (11) 。

(11) A. 在改进运营或产品开发过程中，运营和项目管理的可交付成果可以是相同的

    B. 在新产品开发、产品升级或提高产量时，运营和项目管理的可交付成果可以是相同的

    C. 运营是项目管理的其中一个领域

    D. 运营的改变可以作为某个项目的关注焦点

● 软件配置管理与软件质量保证活动密切相关。下列哪项不属于软件配置管理活动？ (12)

(12) A. 软件配置管理计划   B. 软件配置测试

    C. 软件配置状态记录   D. 软件配置审计

● 关于持续部署的描述，不正确的是 (13) 。

(13) A. 部署包来自不同的存储库

    B. 所有的环境使用相同的部署脚本

    C. 仅通过流水线改变生产环境，防止配置漂移

    D. 部署方式采用蓝绿部署或金丝雀部署

● 针对异常数据问题，可采取的数据预处理方法为 (14) 。

(14) A. 回归填补法   B. 分箱法   C. 均值填补法   D. 有序最近邻法

● 关于数据存储的描述，正确的是 (15) 。

(15) A. 存储介质越贵越好、越先进越好

    B. 对象存储是一种用于处理大量结构化数据的数据存储架构

    C. 存储数据的形式主要有 3 种，分别为文件存储、块存储和对象存储

    D. 存储资源管理是一类应用程序，被管理的资源主要是系统软件

● 目前最重要的一种逻辑数据模型为 (16) 。

(16) A. 层次模型   B. 网状模型

    C. 面向对象模型   D. 关系模型

● 数据仓库系统的核心是 (17) 。

(17) A. 数据源   B. 数据的存储与管理

    C. OLAP 服务器   D. 前端工具

● 下列不属于数据集成的常用方法的是 (18) 。

(18) A. 逻辑集成   B. 模式集成   C. 复制集成   D. 混合集成

● (19) 不属于监控项目工作的输入。

(19) A. 项目管理计划   B. 确认的变更

    C. 成本预测   D. 工作绩效信息

● 在多部门（职能可能复制，各部门几乎不会集中）组织结构下，项目经理批准的权限__(20)__。

(20) A. 极少或无　　　B. 低　　　　　　C. 中　　　　　　D. 高

● PMO 的主要职能是通过各种方式向项目经理提供支持，其中不包括__(21)__。

(21) A. 识别和制订项目管理方法、最佳实践和标准

B. 通过项目审计，监督项目对项目管理标准、政策、程序和模板的合规性

C. 制订项目计划、确定项目范围

D. 指导、辅导、培训和监督

● 关于项目生命周期类型的描述，不正确的是__(22)__。

(22) A. 预测型的需求在开发前预先确定，而适应型的需求在交付期间频繁细化

B. 迭代型与增量型定期把变更融入项目，适应型在交付期间把变更融入项目

C. 预测型的关键干系人定期参与里程碑点，而适应型的关键干系人持续参与

D. 迭代型分次交付整体项目或产品的各个子集，而适应型频繁交付对客户有价值的各个子集

● 关于项目建议书的内容，不正确的是__(23)__。

(23) A. 项目的必要性

B. 项目的市场预测

C. 项目预期成果（如产品方案或服务的）市场预测

D. 项目建设的详细计划

● 项目评估依据不包括__(24)__。

(24) A. 项目工程等协议文件　　　　B. 审核阶段的项目建议书

C. 项目可行性研究报告　　　　D. 主管部门的初审意见

● 在__(25)__情况下，价值交付系统最为有效。

(25) A. 组织变革

B. 当信息和信息反馈在所有价值交付组件之间以一致的方式共享时

C. 项目集增加

D. 运营管理的变化

● 下列工作不是在启动过程组需要开展的是__(26)__。

(26) A. 分析整体项目风险　　　　B. 选择适用的项目开发方法

C. 明确项目范围　　　　　　D. 向干系人分发已批准的项目章程

● 关于项目章程，以下说法错误的是__(27)__。

(27) A. 项目章程可由发起人编制，也可以由项目经理和发起机构合作编制

B. 项目章程的内容可以作为合同的一部分

C. 制定项目章程的工具与技术主要为专家判断、数据收集、会议等

D. 制定项目章程的输出为项目章程、假设日志

● 用于识别干系人过程的数据表现技术是"干系人的映射分析和表现"，其主要的分类技术不包括__(28)__。

(28) A. 干系人立方体　B. 作用影响方格　C. 凸显模型　　　D. 干系人权重分析

● 下列不属于规划过程组内容的是　(29)　。

(29) A. 项目范围和进度管理　　　　　　B. 项目成本和质量管理

　　　 C. 项目风险和资源管理　　　　　　D. 项目变更和控制管理

● 收集需求时，关于使用原型法的描述错误的是　(30)　。

(30) A. 原型法是在实际制造预期产品之前，先造出该产品的模型

　　　 B. 原型包括微缩产品、二维和三维模型、实体模型等

　　　 C. 原型法在完成模型的制作后，后续不需要再创建

　　　 D. 原型法能获得足够的需求信息，从而进入设计或制造阶段

● 关于需求文件应包含的内容的描述，不正确的是　(31)　。

(31) A. 业务需求和解决方案需求　　　　B. 干系人需求

　　　 C. 只有明确的需求才能作为范围的基准　　D. 过渡和就绪需求

● 关于创建 WBS 需要注意的方面，错误的是　(32)　。

(32) A. WBS 应控制在 4~6 层

　　　 B. WBS 的元素必须由 2 个以上的人负责

　　　 C. WBS 包括项目管理工作，也包括分包出去的工作

　　　 D. WBS 并非一成不变

● 关于需求跟踪矩阵，下列说法错误的是　(33)　。

(33) A. 需求跟踪矩阵是收集需求的工具与技术

　　　 B. 项目范围和 WBS 可交付成果是需求跟踪矩阵的内容之一

　　　 C. 产品设计与开发是需求跟踪矩阵的内容之一

　　　 D. 定义范围的输出中需要关于项目文件的更新，其中就需要有需求跟踪矩阵的更新

● 进度管理计划的内容不包括　(34)　。

(34) A. 项目进度模型　B. 控制临界值　C. 绩效测量规则　D. 需求文件

● 关于定义活动，下列说法错误的是　(35)　。

(35) A. 定义活动需要有项目管理计划作为输入

　　　 B. 定义活动的主要作用是将工作包分解为进度活动

　　　 C. 定义活动只需要在规划活动组展开

　　　 D. 里程碑清单是定义活动的输出之一

● 某政府的运维管理系统的建设分为需求分析、设计编码、测试、安装部署 4 个阶段，其中在设计编码阶段，乐观时间（乐观估计所需时间）为 13 天，悲观时间为 33 天，最可能时间为 20 天，那么设计编码阶段的期望工期是　(36)　。

(36) A. 11　　　　　　B. 21　　　　　　C. 12　　　　　　D. 7

● 在已知的网络计划图中，工作 G 有两项紧后工作，两项紧后工作最早开始时间分别为第 15 天和第 17 天，工作 G 最早开始时间和最迟开始时间分别为第 6 天和第 9 天，如果工作 G 的持续时间为 6 天，下列说法正确的是　(37)　。

(37) A. G 的总时差为 4 天　　　　　　B. G 的自由时差为 1 天

　　　 C. G 的总时差为 3 天　　　　　　D. G 的自由时差为 2 天

● 依据关键路径法，下图中空 1 和空 2 处缺少的数字依次应该为 (38) 。

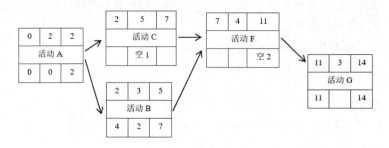

(38) A. 2 13   B. 0 11   C. 3 10   D. 4 9

● 关于资源平衡和资源平滑的区别和联系的说法，错误的是 (39) 。

(39) A. 资源平衡可能会导致关键路径的变化，而资源平滑不会

B. 如果一个资源在同一时间段内被分配至两个或多个活动，需要进行资源平衡

C. 资源平滑中，活动只在其自由和总浮动时间内延迟

D. 通常情况下，资源平衡会缩短关键路径

● 关于进度压缩中赶工和快速跟进的描述，不正确的是 (40) 。

(40) A. 赶工需要增加资源来加快关键路径上的活动

B. 快速跟进可能会导致返工和风险的增加

C. 赶工会增加成本，快速跟进一般不增加项目成本

D. 快速跟进只适用于能够通过并行活动来压缩关键路径上项目工期的情况

● 关于成本估算，说法错误的是 (41) 。

(41) A. 成本估算是估算成本的一种工具与技术

B. 融资成本属于特殊的成本种类

C. 间接成本有时候也包含在项目估算中

D. 除了用货币单位估算外，也可采用人天数等其他计量单位进行估算

● 项目预算包含 (42) 。

(42) A. 成本基准和应急储备   B. 工作包估算成本和活动成本估算

C. 管理储备和成本基准   D. 活动应急储备和活动成本估算

● 某开发项目的完工预算为 150，当前已完成了项目的 60%，且完成的实际成本为 120，则该项目的绩效情况为 (43) 。

(43) A. 进度超前，成本节约   B. 进度超前，成本超支

C. 进度滞后，成本超支   D. 进度滞后，成本节约

● 数据分析是规划质量管理过程用到的工具与技术之一，下列说法错误的是 (44) 。

(44) A. 质量成本分为一致性成本和不一致性成本

B. 一致性成本包括预防成本和评估成本

C. 破坏性试验损失属于预防成本

D. 保修工作属于不一致成本

● 下列不属于质量管理过程中数据表现技术的是　(45)　。

(45) A. 流程图　　　　　B. 思维导图　　　　　C. 矩阵图　　　　　D. 测试图

● 下列不属于项目质量测量指标的是　(46)　。

(46) A. 客户满意度分数　　　　　　　　B. CPI 测量的成本绩效

　　　C. 项目需求文件　　　　　　　　　D. 生产率

● 下列关于组织分解结构（OBS）与工作分解结构（WBS）的区别的描述，错误的是　(47)　。

(47) A. WBS 显示项目可交付成果的分解

　　　B. OBS 是按照现有的部门、团队排列，列出每个部门的项目活动和工作包

　　　C. WBS 用于明确项目范围

　　　D. OBS 用于明确项目进度

● 风险管理计划是项目管理计划的组成部分，其内容不包含　(48)　。

(48) A. 角色与职责　　　　　　　　　　B. 资金

　　　C. 风险分解结构（RBS）　　　　　D. 范围说明书

● 下列关于定性风险分析过程的数据表现技术的描述，错误的为　(49)　。

(49) A. 概率和影响矩阵可以对风险优先级排序

　　　B. 概率和影响矩阵还可以对每个目标评估风险的优先级别

　　　C. 层级图可以显示三维数据

　　　D. 如果有两个以上的参数对风险进行分类，层级图和概率影响矩阵都可以用

● 实施定量风险分析中的数据分析技术不包括　(50)　。

(50) A. 模拟　　　　　B. 敏感性分析　　　　　C. 逻辑分析　　　　　D. 影响图

● 关于威胁的应对策略，不包括　(51)　。

(51) A. 上报　　　　　B. 规避　　　　　C. 开拓　　　　　D. 接受

● 关于合同类型的选择，下列说法错误的是　(52)　。

(52) A. 如果工作范围明确，且已具备设计的详细细节，则使用总价合同

　　　B. 如果范围尚不清楚，使用工料合同

　　　C. 如果买方承担成本风险，使用成本补偿合同

　　　D. 如果卖方承担成本风险，则使用总价合同

● 规划干系人参与的主要作用是　(53)　。

(53) A. 在整个项目期间为如何管理项目成本提供方向

　　　B. 争取项目所需资金

　　　C. 与干系人有效互动，推动项目进展

　　　D. 为及时向干系人提供相关信息、引导干系人有效参与项目而编制书面的沟通计划

● 下列关于建立配置基线的主要作用的描述，不正确的是　(54)　。

(54) A. 基线为项目提供了一个定点和快照

　　　B. 新项目可以在基线提供的定点上建立

　　　C. 基线可以作为验收的标准

　　　D. 当更新不稳定时，基线为团队提供一种取消变更的方法

● 下列关于项目变更委员会（CCB）主要职责的描述，错误的是 ___(55)___ 。

(55) A. 负责审查、评价、批准、推迟或否决项目变更

B. 将变更申请的批准、否决或推迟的决定通知受此处置意见影响的相关干系人

C. 接收变更与验证结果，确认变更是否按要求完成

D. 对风险做统一管理

● 监控过程组监督风险过程的主要工具与技术不包括 ___(56)___ 。

(56) A. 储备分析　　　B. 数据分析　　　C. 审计　　　D. 偏差分析

● 在工作绩效报告的仪表盘形式中，不包含 ___(57)___ 。

(57) A. RAG 图　　　B. 横道图　　　C. 饼状图　　　D. 燃烧图

● ___(58)___ 是一种为了实现特定的管理目标，剩余资源的使用必须达到的成本绩效指标，表示为完成剩余工作所需的成本与剩余预算之比。

(58) A. BAC　　　B. EAC　　　C. TCPI　　　D. EV

● ___(59)___ 不属于控制质量过程输入的项目文件。

(59) A. 项目成本　　　　　　　　B. 经验教训登记册

C. 质量测量指标　　　　　　D. 测试与评估文件

● 控制范围过程的主要作用是 ___(60)___ 。

(60) A. 描述产品、服务或成果的边界和验收标准

B. 通过确认每个可交付的成果来提高最终产品获得验收的可能性

C. 在整个项目期间保持对范围基准的维护

D. 使验收过程具有客观性

● ___(61)___ 以电子方式收集信息并生成描述状态的图表，允许对数据进行深入分析，用于提供高层级的概要信息，对于超出既定临界值的任何度量指标，辅助使用文本进行解释。

(61) A. 大型可见图表　　B. 仪表盘　　　C. 任务板　　　D. 燃烧图

● ___(62)___ 是管理采购关系、监督合同绩效、实施必要的变更和纠偏，以及关闭合同的过程。

(62) A. 控制资源　　　B. 监督沟通　　　C. 监督风险　　　D. 控制采购

● ___(63)___ 是项目管理过程中用于记录和分析已识别风险的文档。

(63) A. 项目章程　　　　　　　　B. 风险管理计划

C. 风险登记册　　　　　　　D. 项目范围说明书

● ___(64)___ 不是项目管理中控制质量过程所使用的工具与技术。

(64) A. 检查　　　B. 控制图　　　C. 统计抽样　　　D. 流程图

● ___(65)___ 不是项目收尾过程组的主要活动。

(65) A. 项目或阶段验收　　　　　B. 总结经验教训

C. 产品维护与支持　　　　　D. 管理收尾和合同收尾

● ___(66)___ 不是项目范围说明书的主要内容。

(66) A. 产品范围描述　　B. 验收标准　　　C. 项目除外责任　　D. 项目组织结构

● ___(67)___ 旨在协调各个项目管理过程组的不同过程和项目管理知识领域。

(67) A. 项目范围管理　　B. 项目时间管理　　C. 项目整合管理　　D. 项目质量管理

● ___(68)___ 不是制订项目管理计划过程所使用的工具与技术。

(68) A. 项目管理方法论 B. 项目管理信息系统

C. 专家判断 D. 项目工作说明书

● ___(69)___ 不是项目沟通管理的主要过程。

(69) A. 规划沟通管理 B. 管理沟通 C. 控制沟通 D. 监督沟通

● ___(70)___ 不是项目风险管理中的定性风险分析的工具与技术。

(70) A. 概率-影响矩阵 B. 风险数据质量评估

C. 风险紧迫性评估 D. 敏感性分析

● ___(71)___ should not be part of a risk management plan.

(71) A. Roles and responsibilities for handling risks

B. Timing of risk management activities

C. The managerial approach towards risk

D. Individual risks

● ___(72)___ is not normally an element of the Project Charter.

(72) A. The formal authorization to apply organizational resources to project activities

B. Work package descriptions

C. The business need that the project was undertaken to address

D. The product description or a reference to this document

● The major output document of Scope definition is the___(73)___.

(73) A. hierarchically structured WBS

B. flat activity list

C. narrative scope statement

D. project charter for the project manager

● A ___(74)___ looks at determining if the project idea is a realistic project.

(74) A. Case project study B. Feasibility study

C. Matrix study D. Demand study

● The appropriate sequence of risk management activities is___(75)___.

A. Risk identification, risk analysis, and risk response

B. Risk identification, risk assessment and risk planning

C. Risk identification, risk mitigation and risk management

D. Risk identification, risk elimination, and risk mitigation

系统集成项目管理工程师机考试卷 第 5 套
应用技术

试题一（20 分）

阅读下列说明，回答【问题 1】至【问题 3】，将解答填入答题区的对应位置。

【说明】A 单位通过招投标的方式确定了数据申报系统，需要和国家系统做数据对接，有 3 条主流程，但是 2 条主流程无法测试，依赖于外部 U 盾。中标方为 B 公司，吴经理为 B 公司的项目经理。该项目是二次开发项目，第一个基础版本已由吴经理带领开发，由于此次开发且需要与国家系统做对接，所以需求方对如何与国家系统做对接也不甚了解。需求频繁变化，一个月需求变更超过 8 次，还都是主流程变更。按照项目最初的估算，大约在 120 人·天，但客户现场使用 U 盾调试和开发时间约为 20 天。

除了这个项目以外，吴经理还同时负责其他 3 个项目，无法掌控到每个要点和细节，由于此项目有 3 名资深的开发，于是吴经理就放心地把整个项目交给他们了。

在项目开发初期，吴经理制订了一份详细的开发计划，用于指导整个开发过程。吴经理定期检查功能是否完成，定期向客户汇报项目情况但未做项目的设计和规划，未指定任何开发规范。在项目进行到第 3 个月时快收尾时，吴经理仅仅花两个多小时简单看了下代码，也未指出代码的任何问题。

关于项目开发中的需求变更及客户反馈意见，吴经理都仅仅是告知他们一声，未做详细的修改规划，所有事情都靠口头表达，所有变动都未形成书面记录。

项目虽按时上线，但系统 bug 问题等频出，用户不满。导致项目返工，花了近 1 个月的时间才调试完毕。

【问题 1】（10 分）
结合案例，请指出质量管理和变更控制中存在的问题。

【问题 2】（6 分）
结合案例，项目经理应该在质量管理中做出哪些调整？

【问题 3】（4 分）
判断下列说法的正误（在答题区的对应位置正确的填写"√"，错误的填写"×"）。

（1）控制项目范围确保所有的变更请求、推荐的纠正措施或预防措施都通过实施整体变更控制过程进行处理。 （　　）

（2）上述案例中，项目经理吴经理需要通过开展客户满意度调查、审查问题日志等方法监督沟通过程。 （　　）

（3）进度基准和成本基准的变更，有时候不需要经过整体变更控制过程的审批。 （　　）

（4）监督风险的过程需要在监控过程组完成，其他过程组暂时不用考虑。　　　　　　（　　）

试题二（17 分）

阅读下列说明，回答【问题 1】至【问题 3】，将解答填入答题区的对应位置。

【说明】 以下是一个软件开发项目的进度和成本数据表。项目的总完工预算（BAC）为 50000 元。

活动名称	完成百分比/%	PV/元	AC/元
A	100	5000	5000
B	80	8000	7000
C	60	10000	8000
D	90	12000	11000
E	50	10000	5000
F	40	5000	3000

【问题 1】（12 分）

请计算项目的当前成本偏差（CV）、进度偏差（SV）、成本绩效指数（CPI）和进度绩效指数（SPI），并简要分析项目的成本和进度状态（CPI 和 SPI 结果保留两位小数）。

【问题 2】（3 分）

如果项目经理预测未来仍有可能发生类似的偏差，请估算项目的 ETC（完工尚需估算成本）。

【问题 3】（2 分）

若此时项目增加了 15000 元的管理储备，项目的 BAC 将如何变化？

试题三（18 分）

阅读下列说明，回答【问题 1】至【问题 3】，将解答填入答题区的对应位置。

【说明】 某大型三甲医院 A 单日接诊量超过 4.4 万人，医院建设了包括 HIS 信息系统、一体化临床工作站、HRP 系统、护理病例、超声系统、内镜系统等几十个信息系统。

目前患者可以通过自助机、手机 App、电话预约、现场、微信、支付宝等多种方式进行挂号，号源池统一放在 HIS 中管理，由于挂号渠道多样，针对不同的业务场景没有进行统一的业务梳理，不同业务场景下对号源池处理的业务规则也不相同，因此此处的接口比较乱，后续如果再增加其他类型的预约挂号方式，业务的复杂程度就会逐渐增大。

A 医院信息化负责人李主任联系了 3 年前开发预约挂号平台 App 的科技公司 B，来处理接口混乱的问题，但是当时的项目经理李经理和当时的开发人员也都已经离职了。于是 B 科技公司领导找到负责政府项目的项目经理周经理来统一负责，并按照 A 医院的要求 3 个月内完成该项工作。

B 公司项目的技术工程师王工跟医院的技术张工依据 A 医院原有预约挂号系统和现有的接口问题，使用焦点小组方法进行了一对一的需求调研，了解到之前的系统 bug 较多，满足不了现有并发量的需求，且医院需要有在线问诊的功能，王工认为需要重新开发一套远程问诊系统（包含预约挂号），于是编写了需求说明书，简单写了下人·天数，报价 50 万元并承诺 3 个月内完工。项目经理周经理审核需求说明书的内容后，找到医院信息化负责人张工沟通项目立项事宜，张工认为报价略高，说可以试着向上报预算，先走着流程，由于接口问题导致预约挂号不能正常使用影响了医院的正常业务，急需解决，张工于是让王工可以先启动项目，先把预约挂号的问题解决了，项目经理周经理勉强答应。

项目在实施过程中，A 医院李主任还想增加在线自动诊断功能，以及增加检查报告查询功能，这些虽然没有在范围基准里，但是 B 公司周经理依然勉强答应了下来。3 个月后，系统上线试运行。员工和挂号患者反馈新系统操作复杂烦琐，与原有系统流程不一致，即使简单的挂号都需要多次流转。另外系统的本地化也没有做好，附带的页面说明晦涩难懂，视频面诊等功能也无法使用，系统已经上线试运行，要想根本解决问题需要重新梳理和调整所有交互方式；同时大量员工反映，页面的访问和加载速度慢，严重影响办公效率，分析发现 B 公司没有使用国内网络服务资源，无法保证国内访问的速度和稳定性，需要追加费用租用高并发服务器。

【问题 1】（8 分）

结合案例，请指出项目在立项管理和需求管理方面存在的问题。

【问题 2】（5 分）

请简述需求文件包含的主要内容。

【问题 3】（5 分）

结合案例，判断下列说法的正误（在答题区对应位置正确的填写"√"，错误的填写"×"）。

（1）制定项目章程是立项非常重要的工作，项目章程有时候也叫立项管理文件，报送项目审批部门。 （ ）

（2）需求跟踪矩阵的内容包括项目范围和 WBS 可交付成果，所以可以作为项目实施依据。 （ ）

（3）范围基准是指范围说明书、WBS 和相应的 WBS 字典。 （ ）

（4）收集需求的工具与技术除了焦点小组外，访谈、标杆对照、头脑风暴、问卷调查等也是常用的收集需求的技术。 （ ）

（5）创建范围基准需要有项目管理计划、项目文件等输入，这里的项目文件主要是指项目范围说明书。 （ ）

试题四（20 分）

阅读以下说明，回答【问题 1】至【问题 4】，将解答填入答题区的对应位置。

【说明】某软件公司中标了一项政府部门的信息化升级项目，预算为 400 万元，计划实施周期为 15 个月。项目启动后，王经理被任命为项目经理，负责整个项目的实施与监控。

在项目初期，王经理与团队一起制订了项目变更管理流程，流程如下：变更申请人提出书面变更申请；项目经理根据变更的大小决定是否直接修改或上报；对于上报的变更，项目经理审批后直接执行；变更完成后，项目经理确认并更新项目文档库。

然而，在实施过程中，项目团队成员张工经常私下响应客户的小幅变更需求，导致项目团队的其他成员对任务状态产生混淆，项目进度受到严重影响。

【问题 1】（8 分）

请指出王经理制订的项目变更管理流程中存在的不足之处，并提出改进建议。

【问题 2】（3 分）

基于上述背景信息，分析项目成员张工在变更处理中的不恰当行为。

【问题 3】（3 分）

请阐述在变更管理过程中，应如何有效地进行配置管理活动。

【问题 4】（6 分）

请重新设计一份合理的项目变更管理工作流程，确保变更得到妥善处理和记录。

系统集成项目管理工程师机考试卷 第5套
基础知识参考答案/试题解析

（1）**参考答案**：B

🔑**试题解析** 《"十四五"国家信息化规划》明确了今后一段时间我国信息化发展的重点主要聚焦在<u>数据治理</u>、<u>密码区块链技术</u>、信息互联互通、智能网联、<u>网络安全</u>等方面。

（2）**参考答案**：B

🔑**试题解析** 工业互联网平台体系具有四大层级，它以网络为基础，平台为中枢，数据为要素，安全为保障。

（3）**参考答案**：D

🔑**试题解析** 《关键信息基础设施安全保护条例》第二条中规定：本条例所称关键信息基础设施，是指公共通信和信息服务、能源、交通、水利、金融、公共服务、电子政务、国防科技工业等重要行业和领域的，以及其他一旦遭到破坏、丧失功能或者数据泄露，可能严重危害国家安全、国计民生、公共利益的重要网络设施、信息系统等。

（4）**参考答案**：D

🔑**试题解析** 量子技术现在还不属于人工智能领域的关键技术。

（5）**参考答案**：D

🔑**试题解析** 下一代防火墙（Next Generation Fire Wall，NGFW）在传统防火墙数据包过滤、网络地址转换（NAT）、状态协议检查以及 VPN 功能的基础上，新增了如下功能：入侵防御系统（IPS）、基于应用识别的可视化、智能防火墙等功能。VPN 功能是传统防火墙的功能。

（6）**参考答案**：D

🔑**试题解析** 数字签名是证明当事者身份和数据真实性的一种信息。签名者事后不能抵赖自己的签名；任何其他人不能伪造签名；如果当事的双方关于签名的真伪发生争执，能够在公正的仲裁者前面通过验证签名来确认其真伪。

（7）**参考答案**：D

🔑**试题解析** 《信息安全技术 信息系统安全管理要求》（GB/T 20269—2006）中关于人员管理、兼职和轮岗的要求规定：业务开发人员和系统维护人员不能兼任或担负安全管理员、系统管理员、数据库管理员、网络管理员、重要业务应用操作人员等岗位或工作；必要时关键岗位人员应采取定期轮岗制度。

题目中，小张是系统维护人员，因此不能兼任网络管理员、 数据库管理员、系统安全管理员。小张可以兼任技术方案编写专员。

（8）**参考答案**：B

🔑**试题解析** 省级银行的信息系统一般定级为三级，《中华人民共和国网络安全法》规定，等保三级需要每年进行一次测评。

依据《信息安全技术　网络安全等级保护定级指南》（GB/T 22240—2020）的相关规定，等保三级的定级标准为：信息系统受到破坏后，会对社会秩序和公共利益造成严重损害，或者对国家安全造成损害。等保三级保护适用于：市级之上党政机关，公司，机关事业单位内部主要的信息管理系统，比如涉及工作中的秘密、商业机密、比较敏感数据的协同办公系统和智能管理系统；跨地区或全国运作的用来生产制造、生产调度、管理方法、指引、工作、操纵等领域的主要信息管理系统及其这类系统软件在省、城市的支系系统软件；中央部委、省（区，市）门户网和主要网址；跨地区连接的应用系统等。

等保二级（指导保护级）适用于：县级其某些单位中的重要信息系统；地市级以上国家机关、企事业单位内部一般的信息系统，如非涉及工作秘密、商业秘密、敏感信息的办公系统和管理系统等。等保第四级（强制保护级）适用于：国家重要领域、重要部门中的特别重要系统以及核心系统，如电力、电信、广电、铁路、民航、银行、税务等重要部门的生产、调度、指挥等涉及国家安全、国计民生的核心系统。

（9）**参考答案**：C

🖋**试题解析**　个人技能提升是从个人角度而言的提升，而非组织的提升。

（10）**参考答案**：C

🖋**试题解析**　项目集的范围包括其项目集组件的范围。项目集通过确保各项目集组件的输出与成果的协调互补为组织带来效益。

（11）**参考答案**：C

🖋**试题解析**　持续运营不属于项目的范畴，但是项目与运营会在产品生命周期的不同时间点存在交叉，如在新产品开发、产品升级或提高产量时；在改进运营或产品开发过程时；产品生命周期的结束阶段；在每个收尾阶段。

运营的改变可以作为某个项目的关注焦点，比如当项目即将进行的新服务将导致运营有实质性改变时，运营就可以作为项目的关注焦点。

（12）**参考答案**：B

🖋**试题解析**　软件配置管理活动包括软件配置管理计划、软件配置标识、软件配置控制、软件配置状态记录、软件配置审计、软件发布管理与交付等活动。

软件配置管理计划：软件配置管理计划的制订需要了解组织结构环境和组织单元之间的联系，明确软件配置控制任务。

软件配置标识：识别要控制的配置项，并为这些配置项及其版本建立基线。

软件配置控制：关注的是管理软件生命周期中的变更。

软件配置状态记录：标识、收集、维护并报告配置管理的配置状态信息。

软件配置审计：独立评价软件产品和过程是否遵从已有的规则、标准、指南、计划和流程而进行的活动。

软件发布管理与交付：通常需要创建特定的交付版本，完成此任务的关键是软件库。

（13）**参考答案**：A

🖋**试题解析**　在持续部署的时候，需要遵循一定的原则，主要包括：部署包全部来自统一的存储库；所有的环境使用相同的部署方式；所有的环境使用相同的部署脚本；部署流程编排阶梯式晋级，即在部署过程中需要设置多个检查点，一旦发生问题可以有序地进行回滚操作；整体部署由运维人员执行；仅通过流水线改变生产环境，防止配置漂移；不可改变服务器（除了补丁程序的安装与更新外，不能改变服务器的其他配置）；部署方式采用蓝绿部署或金丝雀部署。

（14）**参考答案：B**

🖊**试题解析**　对于异常数据或有噪声的数据，如超过明确取值范围的数据、离群点数据，可以采用分箱法和回归法来进行处理。分箱法通过考察数据的"近邻"（即周围的值）来平滑处理有序的数据值，这些有序的值被分布到一些"桶"或"箱"中，进行局部光滑。一般而言，宽度越大，数据预处理的效果越好。回归法用一个函数拟合数据来光滑数据，消除噪声。线性回归涉及找出拟合两个属性（或变量）的"最佳"直线，使得通过其中的一个属性能够预测另一个。多线性回归是线性回归的扩展，它涉及多个属性，并且数据拟合到一个多维面。

回归填补法、均值填补法以及有序最近邻法均为缺失数据的预处理方法而非异常数据的处理方法，故此题选 B。

（15）**参考答案：C**

🖊**试题解析**　数据存储首先要解决的是存储介质的问题。存储介质是数据存储的载体，是数据存储的基础。存储介质并不是越贵越好，越先进越好，要根据不同的应用环境，合理选择存储介质。

一般而言，主要有 3 种形式来记录和存储数据，分别是文件存储、块存储和对象存储。

对象存储通常称为基于对象的存储，是一种用于处理大量非结构化数据的数据存储架构。这些数据无法轻易组织到具有行和列的传统关系数据库中，或不符合其要求，如电子邮件、视频、照片、网页、音频文件、传感器数据以及其他类型的媒体和 Web 内容（文本或非文本）。

存储资源管理是一类应用程序，它们管理和监控物理和逻辑层次上的存储资源，从而简化资源管理，提高数据的可用性。被管理的资源主要是存储硬件，如 RAID、磁带以及光盘库。

（16）**参考答案：D**

🖊**试题解析**　逻辑模型是在概念模型的基础上确定的数据结构，目前主要的逻辑模型有层次模型、网状模型、关系模型、面向对象模型和对象关系模型。其中，关系模型是目前最重要的一种逻辑数据模型。

（17）**参考答案：B**

🖊**试题解析**　数据仓库是一个面向主题的、集成的、随时间变化的、包含汇总和明细的、稳定的历史数据集合。数据仓库通常由数据源、数据的存储与管理、OLAP 服务器、前端工具等组件构成。

数据源：是数据仓库系统的基础，是整个系统的数据源泉，通常包括企业的内部信息和外部信息。内部信息包括存放于关系型数据库管理系统中的各种业务处理数据和各大文档数据；外部信息包括各类法律法规、市场信息和竞争对手的信息等。

数据的存储与管理：是整个数据仓库系统的核心。数据仓库的组织管理方式决定了它有别于传统数据库，同时也决定了其对外部数据的表现形式。要决定采用什么产品和技术来建立数据仓库的核心，需要从数据仓库的技术特点着手分析。针对现有各业务系统的数据，进行抽取、清理，并有效集成，按照主题进行组织。数据仓库按照数据的覆盖范围可以分为企业级数据仓库和部门级数据仓库（通常称为数据集市）。

联机分析处理（(On-Line Analysis Processing, OLAP）服务器：对分析所需要的数据进行有效集成，按多维模型予以组织，以便进行多角度、多层次地分析，并发现趋势。其具体实现可以分为关系数据的关系在线分析处理（ROLAP）、多维在线分析处理（MOLAP）和混合在线分析处理（HOLAP）。ROLAP 基本数据和聚合数据均存放在 RDBMS 之中，MOLAP 基本数据和聚合数据均存放于多维数据库中；HOLAP 基本数据存放于 RDBMS 之中，聚合数据存放于多维数据库中。

前端工具：主要包括各种查询工具、报表工具、分析工具、数据挖掘工具及各种基于数据仓库或数据集市的应用开发工具。

（18）**参考答案**：A

试题解析　数据集成的常用方法有模式集成、复制集成和混合集成。

模式集成：也叫虚拟视图方法，是人们最早采用的数据集成方法，也是其他数据集成方法的基础。其基本思想是，在构建集成系统时，将各数据源共享的视图集成为全局模式（Global Schema），供用户透明地访问各数据源的数据。全局模式描述了数据源共享数据的结构、语义和操作等，用户可直接向集成系统提交请求，集成系统再将这些请求处理并转换，使之能够在数据源的本地视图上被执行。

复制集成：将数据源中的数据复制到相关的其他数据源上，并对数据源的整体一致性进行维护，从而提高数据的共享和利用效率。数据复制可以是整个数据源的复制，也可以是仅对变化数据的复制。数据复制的方法可减少用户使用数据集成系统时对异构数据源的访问量，提高系统的性能。

混合集成：此方法为了提高中间件系统的性能，保留虚拟数据模式视图为用户所用，同时提供数据复制的方法。对于简单的访问请求，通过数据复制方式，在本地或单一数据源上实现访问请求；而对数据复制方式无法实现的复杂的用户请求，则用模式集成方法。

（19）**参考答案**：B

试题解析　监控项目工作的输入包括：项目管理计划（任何组件），项目文件（假设日志，估算依据，成本预测，问题日志，经验教训登记册，里程碑清单，质量报告，风险登记册，风险报告，进度预测），工作绩效信息，协议，事业环境因素，组织过程资产。

（20）**参考答案**：A

试题解析　多部门的组织结构类型中，项目经理的批准权限极少或无。项目经理的角色一般是兼职的。

（21）**参考答案**：C

试题解析　PMO 的一个主要职能是通过各种方式向项目经理提供支持，包括：对 PMO 所辖全部项目的共享资源进行管理；识别和制订项目管理方法、最佳实践和标准；指导、辅导、培训和监督；通过项目审计，监督项目对项目管理标准、政策、程序和模板的合规性；制订和管理项目政策、程序、模板及其他共享的文件（组织过程资产）；对跨项目的沟通进行协调等。

C 项是项目经理的职能，不是 PMO 的职能。

（22）**参考答案**：C

试题解析　预测型的关键干系人在特定里程碑时间点参与，而不是定期参与；在迭代型和增量型中，关键干系人是定期参与。

（23）**参考答案：D**

🖱**试题解析** 项目建议书一般需包含的内容：项目的必要性；项目的市场预测；项目预期成果（如产品方案或服务的）市场预测；项目建设必需的条件。

项目建设的详细计划是需要项目立项后才需要做的工作。

（24）**参考答案：B**

🖱**试题解析** 项目评估指在项目可行性研究的基础上，由第三方（国家、银行或有关机构）根据国家颁布的政策、法规、方法、参数和条例等，从国民经济与社会、组织业务等角度出发，对拟建项目建设的必要性、建设条件、生产条件、市场需求、工程技术、经济效益和社会效益等进行评价、分析和论证，进而判断其是否可行的一个评估过程。项目评估是项目投资前期进行决策管理的重要环节。

项目评估的依据主要包括：①项目建议书及其批准文件；②项目可行性研究报告；③报送组织的申请报告及主管部门的初审意见；④项目关键建设条件和工程等的协议文件；⑤必需的其他文件和资料等。

（25）**参考答案：B**

🖱**试题解析** 当信息和信息反馈在所有价值交付组件之间以一致的方式共享时，价值交付系统最为有效。信息流一致共享，能够使系统与战略保持一致。

（26）**参考答案：C**

🖱**试题解析** 明确项目范围不是启动过程组的工作，是规划过程组的工作。

（27）**参考答案：B**

🖱**试题解析** 项目章程不能当作合同，在执行外部项目时，通常要用正式的合同来达成合作协议。

（28）**参考答案：D**

🖱**试题解析** 用于识别干系人过程的数据表现技术是"干系人的映射分析和表现"，主要的分类技术包括：干系人立方体；作用影响方格；凸显模型；影响方向（向上，向下，向外，横向）；优先级排序。

（29）**参考答案：D**

🖱**试题解析** 项目变更和控制管理不是规划过程组的内容，是监控过程组的内容。

（30）**参考答案：D**

🖱**试题解析** 原型法在完成模型的制作后，后续需要再创建。

（31）**参考答案：C**

🖱**试题解析** 需求文件描述各种单一需求将如何满足项目相关的业务需求。需求的类别一般分为业务需求、干系人需求、解决方案需求、过渡和就绪需求、项目需求和质量需求等。只有明确的（可测量和可测试的）、可跟踪的、完整的、相互协调的，且主要干系人愿意认可的需求，才能作为基准（不一定是范围基准）。

（32）**参考答案：B**

🖱**试题解析** WBS 中的元素必须有人负责，而且只由一个人负责。

（33）**参考答案：A**

试题解析 需求跟踪矩阵<u>是收集需求的输出</u>而不是其工具与技术，它为管理产品范围提供了框架。跟踪需求的内容包括：业务需要、机会、目的和目标；项目目标；项目范围和 WBS 可交付成果；产品设计；产品开发；测试策略和测试场景；高层级需求到详细需求等。

（34）**参考答案**：D

试题解析 进度管理计划包括：项目进度模型；进度计划的发布和迭代长度；准确度；计量单位；WBS；项目进度模型维护；控制临界值；绩效测量规则；报告格式。

（35）**参考答案**：C

试题解析 定义活动需要在整个项目期间开展。

（36）**参考答案**：B

试题解析 由题意分析可知，需要用三点估算法。三点估算法中的"三点"是指 T_p（最悲观时间）、T_m（最可能时间）、T_o（最乐观时间），通过这三个时间，可以求出 T_e（期望持续时间估值），其关系公式为：$T_e=(T_p+T_m×4+T_o)/6$。

因此，根据题意：$T_e=(13+20×4+33)/6=21$（天）。

（37）**参考答案**：C

试题解析 总时差（Total Free，TF）是指在不影响项目工期的前提下，一个活动最多可以延迟的时间，也可以理解为当一项活动的最早开始时间和最迟开始时间不相同时它们之间的差值。计算公式是：TF=LS-ES。因此，本题中，G 的总时差=9-6=3（天）。

自由时差（Float Free）是指在不影响其紧后工作的最早开始时间的前提下，一个活动最多可以延迟的时间。本题中，G 的紧后工作的最早开始时间为 min(15,17)=15，因此 G 的最晚结束时间为第 15 天，因此如果活动 G 最晚在第 15-6=9（天）开始，不会影响其紧后工作，而 G 的实际最晚开始时间为第 9 天，因此 G 的自由时差=9-9=0（天）。

（38）**参考答案**：B

试题解析 根据图表中已有的关于工期的数据，可以求出该项目的关键路径为 ACFG。首先，根据活动 G 的最晚开始时间为 11，可推断出活动 F 的最迟结束时间为 11，因此空 2 应填 11。本题至此实际上已经可以得出答案了。

由于活动 C 在关键路径上，而关键路径上所有活动的总浮动时间皆为 0，而空 1 代表的是总浮动时间，因此空 1 应该填 0。

（39）**参考答案**：D

试题解析 资源优化是根据资源供需情况来调整进度模型的技术。资源优化通过调整活动的开始和完成日期，以调整计划使用的资源，使其等于或少于可用的资源。资源优化技术包括资源平衡和资源平滑。

资源平衡为了在资源需求与资源供给之间取得平衡，根据资源制约因素对开始日期和完成日期进行调整的一种技术。如果共享资源或关键资源只在特定时间可用，数量有限，比如某个资源在同一时段内被分配至两个或多个活动，就需要进行资源平衡。也可以为保持资源使用量处于均衡水平而进行资源平衡。<u>资源平衡往往导致关键路径改变</u>。可以用浮动时间平衡资源。因此，在项目进度计划期间，关键路径可能发生变化。

资源平滑是通过对进度模型中的活动进行调整，从而使项目资源需求不超过预定的资源限制的一种技术。相对于资源平衡而言，<u>资源平滑不会改变项目的关键路径</u>，完工日期也不会延迟。也就是说，活动只在其自由和总浮动时间内延迟。但资源平滑技术可能无法实现所有资源的优化。

通常情况下，资源平衡会导致关键路径的延长而不是缩短。

（40）参考答案：C

✒试题解析　简单来说，赶工是通过增加资源来实现进度压缩，快速跟进是通过把串行的工作全部或部分改为并行来实现进度压缩。快速跟进一般会增加相关活动之间的协调工作，并增加质量风险，所以快速跟进也有可能会增加成本。

（41）参考答案：A

✒试题解析　成本估算是对完成活动所需资源的可能成本进行的量化评估，是在某特定时点根据已知信息所做出的成本预测。成本估算是估算成本过程的输出，而不是其工具与技术。

（42）参考答案：C

✒试题解析　项目预算包含管理储备和成本基准，项目预算与两种储备的关系如下图所示。一定要理解以下几个概念的含义：项目预算（也称项目总预算）=成本基准+管理储备；成本基准=项目完工预算=BAC（Budget at Completion）；PV是各活动的预算，也是各活动的成本基准，所有活动的PV之和等于BAC，PV由活动的应急储备和活动的成本估算组成。

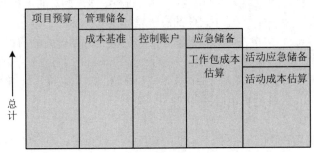

项目预算的组成

（43）参考答案：C

✒试题解析　由题目可知，当前的AC=120，BAC=PV=150（如果把项目作为一个整体，其PV与其BAC相等），EV=150×60%=90，因此：

SV=EV-PV=60-150=-90<0，因此进度滞后。

CV=90-120=-30<0，因此成本超支。

（44）参考答案：C

✒试题解析　评估成本是评估、测量、审计和测试特定项目的产品、可交付成果或服务带来的成本。破坏性试验损失属于一致性成本里的评估成本，而非预防成本。

（45）参考答案：D

✒试题解析　规划质量管理过程的数据表现技术主要包括：流程图、逻辑数据模型、思维导图、矩阵图。

（46）参考答案：C

🖝**试题解析**　项目需求文件不是项目质量测量指标，测量指标主要是按时完成任务的百分比、CPI 测量的成本绩效、故障率、客户满意度分数等。

（47）**参考答案**：D

🖝**试题解析**　OBS 是按照现有的部门、团队排列，列出每个部门的项目活动和工作包，运营部门只需要找到其所在的 OBS 位置，就能看到子集全部项目职责，OBS 是规划资源管理的工具与技术，用于方便地把组织部门或个人与其所负责的所有工作包关联起来，不是用来明确进度的。

（48）**参考答案**：D

🖝**试题解析**　范围说明书不是风险管理计划的内容，是范围管理的内容。

（49）**参考答案**：D

🖝**试题解析**　如果使用了两个以上的参数对风险进行分类，那就不能使用概率和影响矩阵，可以使用层级图。

（50）**参考答案**：C

🖝**试题解析**　实施定量风险分析用到的数据分析技术主要包括模拟、敏感性分析、影响图、决策树分析。

（51）**参考答案**：C

🖝**试题解析**　开拓是（积极）风险的应对策略，不是威胁的。

（52）**参考答案**：B

🖝**试题解析**　如果工作范围尚不清楚，则使用成本补偿合同，而不是工料合同。如果双方分担风险，可以使用工料合同，因为它兼具成本补偿合同和总价合同的某些特点。

（53）**参考答案**：C

🖝**试题解析**　规划干系人参与最主要的作用还是与干系人有效互动，推动项目进展，其他的为辅助作用。

（54）**参考答案**：C

🖝**试题解析**　配置基线不可以作为验收标准。

（55）**参考答案**：D

🖝**试题解析**　项目变更委员会的职责包括：负责审查、评价、批准、推迟或否决项目变更；将变更申请的批准、否决或推迟的决定通知受此处置意见影响的相关干系人；接收变更与验证结果，确认变更是否按要求完成。D 项显然属于风险管理的内容，不属于项目变更委员会的职责。

（56）**参考答案**：D

🖝**试题解析**　监督风险过程的主要工具与技术包括：数据分析（技术绩效分析，储备分析）、审计，会议。

（57）**参考答案**：D

🖝**试题解析**　仪表盘是以电子方式收集信息并生成描述状态的图表，允许对数据进行深入分析，用于提供高层级的概要信息，对于超出既定临界值的任何度量指标，辅助使用文本进行解释。仪表盘包括信号灯图（Red And Green，RAG）、横道图、饼状图和控制图。

（58）**参考答案**：C

🖝**试题解析**　完工尚需绩效指数（To-Complete Performance Index，TCPI）是一种为了实现特

定的管理目标，剩余资源的使用必须达到的成本绩效指标，是完成剩余工作所需的成本与剩余预算之比。TCPI 是指为了实现具体的管理目标（如 BAC 或 EAC），剩余工作的实施必须达到的成本绩效指标。如果 BAC 已明显不再可行，则项目经理应考虑使用 EAC 进行 TCPI 计算，经过批准后，就用 EAC 取代 BAC。

（59）参考答案：A

🖋试题解析　可作为控制质量过程输入的项目文件主要包括：经验教训登记册、质量测量指标、测试与评估文件等。

经验教训登记册：包含项目早期的经验教训，可以运用到后期阶段以改进质量控制。

质量测量指标：作为验证质量的符合程度的标准。

测试与评估文件：用于评估质量目标的实现程度。

（60）参考答案：C

🖋试题解析　控制范围是监督项目和产品的范围状态，管理范围基准变更的过程。本过程的主要作用是在整个项目期间保持对范围基准的维护，且需要在整个项目期间开展。A 项属于定义范围，B 项、D 项属于确认范围。

（61）参考答案：B

🖋试题解析　仪表盘是以电子方式收集信息并生成描述状态的图表，允许对数据进行深入分析，用于提供高层级的概要信息，对于超出既定临界值的任何度量指标，辅助使用文本进行解释。

大型可见图表（Big Visible Charts，BVC）也称为信息发射源，是一种可见的实物展示工具，可向组织内成员提供度量信息和结果，支持及时的知识共享。

任务板通过直观看板方式显示已准备就绪并可以开始（待办）的工作、正在进行和已完成的工作，是对计划工作的可视化表示，可以帮助项目成员随时了解各项任务的状态，可以用不同颜色的便利贴代表不同类型的工作。

燃烧图（包括燃起图或燃尽图）用于显示项目团队的速度，此"速度"可度量项目的生产率。燃起图可以对照计划，跟踪已完成的工作量；燃尽图可以显示剩余工作（比如采用适应型方法的项目中的故事点）的数量或已减少的风险的数量。

（62）参考答案：D

🖋试题解析　控制资源是确保按计划为项目分配实物资源，以及根据资源使用计划监督资源实际使用情况，并采取必要纠正措施的过程。

监督沟通是确保满足项目及其干系人的信息需求的过程。本过程的主要作用是按沟通管理计划和干系人参与计划的要求优化信息传递流程。

监督风险是在整个项目期间，监督商定的风险应对计划的实施、跟踪已识别风险、识别和分析新风险，以及评估风险管理有效性的过程。

控制采购是管理采购关系、监督合同绩效、实施必要的变更和纠偏，以及关闭合同的过程。本过程的主要作用是确保买卖双方履行法律协议，满足项目需求。本过程应根据需要在整个项目期间开展。

（63）参考答案：C

🖋试题解析　风险登记册是项目管理过程中用于记录和分析已识别风险的文档，它包含了项目中识别出的风险、风险描述、风险概率、风险影响、风险应对措施等信息。风险登记册是风险管理过程中重要的输出，有助于项目团队监控和管理项目风险。

（64）**参考答案**：D

试题解析 流程图主要用于展示一系列步骤的顺序，通常用于过程分析或程序设计，而不是质量控制过程中使用的工具与技术。质量控制过程中常用的工具与技术包括检查（用于验证产品或服务是否符合要求）、控制图（用于监控过程稳定性的统计图）和统计抽样（从总体中选取部分样本进行测试以评估整体质量）。

（65）**参考答案**：C

试题解析 产品维护与支持通常是产品运营或售后服务的活动，而不是项目收尾过程组的主要活动。项目收尾过程组的主要活动包括项目或阶段验收（确认项目或阶段成果是否符合要求）、总结经验教训（为未来的项目提供改进建议）以及管理收尾和合同收尾（正式结束项目或阶段，完成合同义务）。

（66）**参考答案**：D

试题解析 项目范围说明书主要描述项目的产品范围、验收标准、项目假设条件和制约因素等内容，而不包括项目组织结构。项目组织结构通常是在项目启动阶段确定的，描述项目团队成员的角色和职责，是项目管理计划的一部分，而不是范围说明书的内容。

（67）**参考答案**：C

试题解析 项目整合管理的主要作用是协调各个项目管理过程组的不同过程和项目管理知识领域，确保它们能够协同工作以实现项目目标。

（68）**参考答案**：D

试题解析 制订项目管理计划过程中使用的工具与技术包括项目管理方法论（提供制订计划的指导原则）、项目管理信息系统（提供制订计划的软件工具）和专家判断（利用专家的经验和知识来制订计划）。项目工作说明书是项目启动阶段的输出，描述了项目的业务需求、产品范围和其他相关要求，并不是制订项目管理计划过程中使用的工具与技术。

（69）**参考答案**：C

试题解析 项目沟通管理的主要过程包括规划沟通管理（确定项目沟通的需求、方式和频率）、管理沟通（确保信息的及时、准确传递）和监督沟通（监督沟通过程的有效性）。控制沟通并不是项目沟通管理的一个独立过程，而是监督沟通过程的一部分，用于监控沟通活动是否按计划进行。

（70）**参考答案**：D

试题解析 定性风险分析的工具与技术包括概率-影响矩阵（评估风险的可能性和影响程度）、风险数据质量评估（评估风险信息的可靠性和完整性）和风险紧迫性评估（评估风险应对的紧迫程度）。敏感性分析是定量风险分析的工具，用于评估项目目标（如成本、进度等）对关键变量变化的敏感性。

（71）**参考答案**：D

试题翻译 ____(71)____ 不应该成为风险管理计划的一部分。

（71）A．处理风险的角色和责任　　　　　B．风险管理活动的时间安排

　　　C．对风险的管理方法　　　　　　　D．个人风险

（72）参考答案：B

🔑**试题翻译**　__（72）__通常不是项目章程的一个要素。

（72）A．将组织资源应用于项目活动的正式授权

　　　B．工作包描述

　　　C．需要项目承担或解决的业务需求

　　　D．产品描述或对本文档的引用

（73）参考答案：A

🔑**试题翻译**　范围定义的主要输出文档是__（73）__。

（73）A．层次结构的 WBS　　　　　　　B．平面活动列表

　　　C．叙述性范围声明　　　　　　　D．为项目经理准备的项目章程

（74）参考答案：B

🔑**试题翻译**　__（74）__着眼于确定项目想法是否是一个现实的项目。

（74）A．案例项目研究　　　　　　　　B．可行性研究

　　　C．矩阵研究　　　　　　　　　　D．需求研究

（75）参考答案：A

🔑**试题翻译**　风险管理活动的适当顺序是__（75）__。

（75）A．风险识别、风险分析、风险应对

　　　B．风险识别、风险评估和风险规划

　　　C．风险识别、风险缓解和风险管理

　　　D．风险识别、风险消除和风险缓解

风险管理顺序为风险识别、风险分析和风险应对。

系统集成项目管理工程师机考试卷　第 5 套
应用技术参考答案/试题解析

试题一　参考答案/试题解析

【问题 1】参考答案

质量管理方面：①项目规划阶段，没有规划质量管理，没有质量管理计划、质量测量指标，更没有对于风险和范围基准的更新，仅仅在案例里看到进度和范围管理；②项目执行阶段，缺少管理质量，缺少质量报告、测试与评估文件、变更请求、计划的更新等，在项目第三个月的时候，项目经理仅仅简单看了下代码，也没指出任何问题；③监控阶段没有质量控制，没有核实的可交付成果、质量控制的测量结果等内容。

变更控制方面：①未实施整体变更控制；②需求变更不能口头告知团队成员，应按整体变更控制流程进行记录、分析、审批、执行、检查等；③对于客户反馈意见，客户可以口头提出，但必须做书面记录并做分析、评估等后续跟进与反馈；④没有变更控制工具。

【问题 2】参考答案

质量管理中应做以下调整：①在项目规划阶段需开展规划质量管理活动，从而制订出质量管理计划、质量测量指标，更新风险管理计划和范围基准，更新相关项目文件，如干系人登记册、风险登记册、需求跟踪矩阵、经验教训登记册；②在项目执行阶段应开展管理质量活动，编写质量报告、测试与评估文件、变更请求、项目管理计划的更新（质量管理计划及各种基准），更新项目文件（问题日志、经验教训登记册、风险登记册）；③在项目监控阶段要开展控制质量活动，要有核实的可交付成果、工作绩效信息、质量控制的测量结果、变更请求、质量管理计划更新、项目文件更新等内容。

【问题 3】参考答案

（1）√　（2）√　（3）×　（4）×

试题解析

（3）进度基准和成本基准的任何变更，都必须要经过整体变更控制过程的审批。

（4）监督风险的过程需要在整个项目期间开展，而不是仅仅在监控过程组完成。

试题二　参考答案/试题解析

【问题 1】参考答案

PV 总和 = 5000 + 8000 + 10000 + 12000 + 10000 + 5000 = 50000（元）

EV 总和 = 5000 + 8000 × 0.8 + 10000 × 0.6 + 12000 × 0.9 + 10000 × 0.5 + 5000 × 0.4 = 35200（元）

AC 总和 = 5000 + 7000 + 8000 + 11000 + 5000 + 3000 = 39000（元）

$$CV = EV-AC = 35200-39000 = -3800 \ 元$$

$$SV = EV-PV = 35200-50000 = -14800 \ 元$$

$$CPI = EV / AC = 35200 / 39000 \approx 0.90$$

$$SPI = EV / PV = 35200 / 50000 \approx 0.70$$

CPI 小于 1，表示成本超支；SPI 小于 1，表示进度落后。

试题解析

EV（Earned Value）即挣值，它的含义是"已完成工作原计划花多少钱"。

AC（Actual Cost）即实际成本，它的含义是"已完成的工作实际花了多少钱"。

PV（Planned Value）即计划值或称计划价值，它的含义是"某项活动计划花多少钱"。

因此，我们可以通过 EV/PV 来衡量项目当前是超前了还是滞后了，这个比值记为 SPI（Schedule Performance Index），即进度绩效指标，当 SPI 大于 1 时表示进度超前，小于 1 时表示进度滞后。同时可以用 EV/AC 来衡量项目当前的成本是节约了还是超支了，这个比值记为 CPI（Cost Performance Index），即成本绩效指数，当 CPI 大于 1 时表示成本节约，小于 1 时表示成本超支。

CV（Cost Variance）即成本偏差，CV=EV-AC。CV 大于 0 表示成本节约，小于 0 表示成本超支。

SV（Schedule Variance）即成本偏差，SV = EV-PV。SV 大于 0 表示进度超前，小于 0 表示进度滞后。

【问题 2】参考答案

$$ETC = (BAC-EV) / CPI = (50000-35200) / 0.9 \approx 16444 \ （元）$$

试题解析 ETC（Estimate to Completion）即完工尚需估算成本，简称完工尚需估算。其含义是估算从当前时间开始到项目完工还需多少成本，这需要分为两种情况讨论：一是后续工作按照当前偏差进行（则当前偏差称为典型偏差），此时 ETC=(BAC-EV)/CPI；二是后续工作按照计划中的历时进行（则称当前偏差为非典型偏差），此时 ETC=AC+(BAC+EV)。

题目指出，"项目经理预测未来仍有可能发生类似偏差"，因此，此时的偏差为典型偏差，则 ETC=(BAC-EV)/CPI。

【问题 3】参考答案

BAC 不会变化。

试题解析 BAC（Budget at Completion）即项目完工预算，它等于各活动计划价值（Planned Value，PV）之和。BAC 加上管理储备就等于项目总预算；BAC 与 PV 都是成本基准，但 BAC 是项目总的成本基准，而 PV 是分配到各活动上的成本基准；成本基准中包含应用储备，但不包含管理储备。

试题三　参考答案/试题解析

【问题 1】参考答案

立项管理方面存在的问题：①项目经理周经理在立项时，没有制订项目建议书；②李经理立项时没进行可行性研究分析；③没做项目评估；④A 医院资金批复流程没有走完，且 B 公司也没有对项目进行审批，也没有开启动会，项目就启动了；⑤没有进行招投标，直接选定 B 公司；⑥选定 B 公司的时候，没有审核其资源和资质。

需求管理方面存在的问题：①没有做好需求管理计划；②没有做好收集需求工作，参与人员不足，方法不对；③B 公司依据 A 医院原有办公系统编写了需求说明书，这个是不对的，应该综合所有情况做出满足客户的需求说明书；④没有做好需求管理中的配置管理活动；⑤没有对需求进行优先级排序；⑥没有做好需求文件；⑦没有做好需求跟踪矩阵；⑧收集需求的时候目标不明确，而且没有记录和管理干系人的需要和需求。

试题解析 本题属于找错题，答题时可从立项管理的项目建议、项目可行性分析、项目审批、项目招投标以及项目合同谈判与签订、范围管理、沟通管理等 6 个阶段和需求管理是如何分析、记录和管理需求角度去回答。

【问题 2】参考答案

需求文件的主要内容包括：业务需求；干系人需求；解决方案需求；项目需求；过渡需求；与需求相关的假设条件、依赖关系和制约因素。

试题解析 本题属于记忆题，需要在理解的基础上加以记忆。

需求文件描述各种单一需求将如何满足与项目相关的业务需求。一开始，可能只有高层级的需求，随着有关需求信息的增加而逐步细化。只有明确的、可跟踪的、完整的、相互协调的，且主要干系人愿意认可的需求，才能作为基准。

【问题 3】参考答案

（1）×　　（2）×　　（3）×　　（4）√　　（5）×

试题解析

（1）项目章程的作用一是明确项目与组织战略目标之间的直接联系，二是确立项目的正式地位，三是展示组织对项目的承诺。项目章程对于立项是非常重要的工作，在制定项目章程时，立项管理文件是作为制定项目章程的输入，输出是项目章程。

（2）收集需求的输出有两个，一是需求跟踪矩阵，二是需求文件。需求跟踪矩阵用于把需求与需求所对应的可交付成果关联起来，而需求文件用于作为项目实施的依据。

（3）范围基准是指经过正式批准的 WBS。

（5）创建范围基准的过程实际上就是创建 WBS 的过程，其输出是范围基准和项目文件的更新，输入是项目管理计划（这里指范围管理计划）、项目文件（这里的项目文件除了范围说明书以外，还包括需求文件，题目只说了一种，所以是错误的）、事业环境因素、组织过程资产等。

试题四　参考答案/试题解析

【问题 1】参考答案

不足之处：①变更管理流程中未包含变更影响分析环节；②项目经理独自决定变更的处理方式，缺乏团队成员和变更控制委员会（CCB）的参与；③变更执行后仅由项目经理确认，缺乏质量检查和配置管理流程；④没有明确的变更记录和通知机制。

改进建议：①引入变更影响分析，评估变更对项目范围、时间、成本等方面的影响；②建立变更控制委员会（CCB），负责审批重大变更；③加强质量检查，确保变更符合质量标准；④建立配置管理流程，确保变更后的版本得到正确管理；⑤记录变更内容、审批过程和结果，及时通知相关干系人。

【问题 2】参考答案

张工私下响应客户的小幅变更需求，没有遵循项目变更管理流程，导致其他团队成员对任务状态产生混淆，影响了项目进度。张工应该按照规定的流程提出变更申请，并等待审批后再执行变更。

【问题 3】参考答案

在变更管理过程中，有效的配置管理活动应包括：①识别并记录项目中的配置项；②建立配置状态记录，跟踪配置项的版本和变更历史；③实施配置项的版本控制，确保每次变更都有新的版本记录；④对配置项进行基线管理，确保基线的完整性和一致性；⑤在变更实施后，更新配置状态记录，确保配置项的最新状态得到反映。

【问题 4】参考答案

合理的项目变更管理工作流程：①变更申请人提出书面变更申请，包括变更描述、原因；②项目经理与相关干系人对变更进行初审（变更是否必要、是否有价值，用于评估的信息是否充分等）；③项目经理负责组织对变更方案进行论证（变更是否可实现）；④变更审查，批准或否决变更；⑤对于批准的变更，通知相关干系人进行实施；⑥对变更实施进行监控；⑦对变更的效果实施评估。

系统集成项目管理工程师机考试卷　第6套（冲刺卷）
基础知识

- 在构建智慧城市的过程中，__(1)__ 不是智慧城市的核心组成部分。
  - （1）A. 智能交通系统
  - B. 云计算数据中心
  - C. 传统基础设施
  - D. 物联网技术应用
- 《中华人民共和国网络安全法》规定，关键信息基础设施的运营者应当履行的责任不包括 __(2)__。
  - （2）A. 制定网络安全事件应急预案
  - B. 定期进行网络安全检测与风险评估
  - C. 无须向有关主管部门报告网络安全事件
  - D. 依法留存相关的网络日志不少于六个月
- 将基础设施作为服务的云计算应用服务类型是 __(3)__。
  - （3）A. SaaS 层
  - B. 服务层
  - C. PaaS 层
  - D. IaaS 层
- 大数据的关键技术不包括 __(4)__。
  - （4）A. 数据挖掘
  - B. 数据清洗
  - C. 数据可视化
  - D. 数据压缩
- IT 服务生存周期是指 IT 服务从 __(5)__ 的演变。
  - （5）A. 设计规划、运营提升、战略实现到退役终止
  - B. 设计规划、战略实现、运营提升到退役终止
  - C. 战略规划、设计实现、运营提升到退役终止
  - D. 战略规划、运营提升、设计实现到退役终止
- IT 服务的产业化进程分为产品服务化、服务标准化和服务产品化三个阶段。以下说法正确的是 __(6)__。
  - （6）A. 产品服务化是前提，服务产品化是保障，服务标准化是趋势
  - B. 服务标准化是前提，产品服务化是保障，服务产品化是趋势
  - C. 产品服务化是前提，服务标准化是保障，服务产品化是趋势
  - D. 产品服务化是前提，服务标准化是保障，服务产品化是趋势
- 《信息技术服务 质量评价指标体系》（GB/T 33850）定义了 IT 服务质量模型，如下图所示。图中的空白处应分别是 __(7)__。

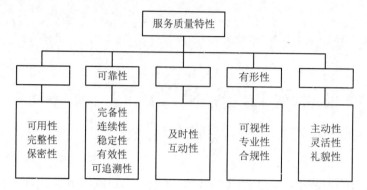

（7）A. 安全性　友好性　响应性　　　　B. 响应性　安全性　友好性

　　　C. 安全性　响应性　友好性　　　　D. 响应性　友好性　安全性

● ＿＿（8）＿＿规划中提出：坚持总体国家安全观，实施国家安全战略，维护和塑造国家安全，把安全发展贯穿国家发展各领域和全过程，防范和化解影响我国现代化进程的各种风险，筑牢国家安全屏障。

　　（8）A. "十二五"　　　B. "十三五"　　　C. "十四五"　　　D. "十五五"

● 下列关于信息系统架构定义的描述，不正确的是＿＿（9）＿＿。

　　（9）A. 架构是对系统的抽象，它通过描述元素、元素的外部可见属性及元素之间的关系来反映这种抽象

　　　　B. 架构由多个结构组成，结构是从功能角度来描述元素之间的关系的，具体的结构传达了架构某方面的信息，但是个别结构一般不能代表大型信息系统架构

　　　　C. 任何软件都存在架构，且一定有对该架构的具体表述文档，即架构可以独立于架构的描述而存在

　　　　D. 架构具有"基础"性，它通常涉及解决各类关键重复问题的通用方案，以及系统设计中影响深远的各项重要决策

● 下列＿＿（10）＿＿不属于常用的架构模型。

　　（10）A. 单机应用模式　　　　　　　　B. 客户端/客户端模式

　　　　C. 客户端/服务器模式　　　　　　D. 面向服务架构（SOA）模式

● 下列不属于常用的应用架构规划与设计基本原则的是＿＿（11）＿＿。

　　（11）A. 业务适配性原则　　　　　　　B. 应用聚合化原则

　　　　C. 分级认证原则　　　　　　　　D. 风险最小化原则

● 数据架构的基本原则不包括＿＿（12）＿＿。

　　（12）A. 数据保密性原则　　　　　　　B. 数据处理效率原则

　　　　C. 数据一致性原则　　　　　　　D. 风险最小化原则

● 不属于软件需求的需求层次的是＿＿（13）＿＿。

　　（13）A. 业务需求　　　B. 企业需求　　　C. 用户需求　　　D. 系统需求

● DFD 建模方法的核心是＿＿（14）＿＿。

　　（14）A. 业务流程　　　B. 处理　　　C. 数据存储　　　D. 数据流

- ___(15)___ 不属于 UML 的结构的 3 个部分。

  (15) A. 建模元素　　　B. 规则　　　　　　C. 构造块　　　　　D. 公共机制

- 根据软件测试的测试阶段的不同，软件测试可分为___(16)___个类别。

  (16) A. 5　　　　　　　B. 6　　　　　　　C. 7　　　　　　　D. 8

- 一般来说，数据预处理主要包括___(17)___3 个步骤。

  (17) A. 数据分析、数据检测和数据修正　　　B. 数据检测、数据修正和数据分析

  　　　C. 数据检测、数据分析和数据修正　　　D. 数据分析、数据修正和数据检测

- 从技术上看，衡量容灾系统有两个主要指标，即 RPO 和___(18)___。其中 RPO 代表了当灾难发生时允许丢失的数据量，而___(18)___则代表了系统恢复的时间。

  (18) A. RTO　　　　　　B. ROI　　　　　　C. NRO　　　　　　D. DOO

- 目前主要的逻辑模型有层次模型、网状模型、关系模型、面向对象模型和对象关系模型。其中，___(19)___是目前最重要的一种逻辑数据模型。

  (19) A. 层次模型　　　B. 网状模型　　　C. 关系模型　　　D. 对象关系模型

- 数据分级常用的分级维度中，___(20)___的分级维度将数据分为境内、跨区、跨境等。

  (20) A. 基于价值　　　B. 基于敏感程度　　C. 基于司法影响范围　　D. 基于特性

- .net 开发框架的底层基础是___(21)___。

  (21) A. 基础类库　　　　　　　　　　　B. ADO.NET 技术

  　　　C. 通用语言规范　　　　　　　　　D. 通用语言运行环境

- 美国项目管理协会（Project Management Institute，PMI）在___(22)___年首次在 PMBOK 封面上印制了"ANSI 标准"的标识。

  (22) A. 1996　　　　　　B. 2004　　　　　　C. 2017　　　　　　D. 2021

- 一个项目可以采用___(23)___种不同的模式进行管理。

  (23) A. 3　　　　　　　B. 4　　　　　　　C. 5　　　　　　　D. 6

- ___(24)___是项目管理中常见的一种组织结构，对与项目相关的治理过程进行标准化，并促进资源、方法论、工具和技术共享。职责范围可大可小，小到提供项目管理支持服务，大到直接管理一个或多个项目。其具体形式、职能和结构取决于所在组织的需要。

  (24) A. 项目职责部门　　　　　　　　　B. 项目管理部门

  　　　C. 项目职责办公室　　　　　　　　D. 项目管理办公室

- ___(25)___是指由执行组织委派领导团队实现项目目标的个人，通过项目团队和其他干系人来完成工作。

  (25) A. 项目经理　　　B. 项目组长　　　C. 项目部长　　　D. 项目领导

- 混合型生命周期是___(26)___的组合。

  (26) A. 增量型生命周期和迭代型生命周期

  　　　B. 迭代型生命周期和适应型生命周期

  　　　C. 预测型生命周期和适应型生命周期

  　　　D. 预测型生命周期和迭代型生命周期

- 投资费用就是固定资本与净周转资金的合计。在不同的研究设计阶段，投资估算的精确性不同：

毛估或粗估要求的估计精度一般在 ___(27)___ ；初步项目可行性研究要求的估计精度在±20%，详细可行性研究要求的估计精度一般在±10%，设计开发时要求的估计精度则要达到±5%。

(27) A．±40%　　　　　B．±30%　　　　　C．±25%　　　　　D．±22%

● 高度适应型项目往往在整个项目生命周期内持续实施所有的项目管理过程组。采用这种方法，工作一旦开始，计划就需根据新情况而改变，需要不断调整和改进项目管理计划的所有要素。在这种方法中，下图中的过程组依次应该为 ___(28)___ 。

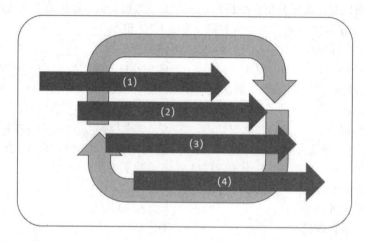

(28) A．规划过程　　启动过程　　执行过程　　监控过程

　　　B．规划过程　　启动过程　　监控过程　　执行过程

　　　C．启动过程　　规划过程　　监控过程　　执行过程

　　　D．启动过程　　规划过程　　执行过程　　监控过程

● 领导力和职权二者的区别在于领导力具有 ___(29)___ 的特征。

(29) A．关注系统和架构　　　　　　　　　B．直接利用职位权力

　　　C．激励团队　　　　　　　　　　　　D．关注可操作性的问题和问题的解决

● 下列说法有误的是 ___(30)___ 。

(30) A．单个和整体的风险都会对项目造成影响

　　　B．风险是消极的

　　　C．项目团队需要在整个项目生命周期中不断应对风险

　　　D．组织的风险态度、偏好和临界值会影响风险的应对方式

● 为了使项目在批准的预算内完成而对成本进行规划、估算、预算、融资、筹资、管理和控制，属于 ___(31)___ 知识领域。

(31) A．项目成本管理　　　　　　　　　　B．项目进度管理

　　　C．项目质量管理　　　　　　　　　　D．项目资源管理

● 制定项目章程的主要作用不包括 ___(32)___ 。

(32) A．明确项目与组织战略目标之间的直接联系

　　　B．确立项目的正式地位

C．确定项目负责人

D．展示组织对项目的承诺

- 启动过程组的目的不包括 __(33)__ 。

（33）A．协调各方干系人的期望与项目目的

B．确保只有符合组织战略目标的项目才能被立项

C．告知各干系人项目范围和目标

D．商讨干系人对项目及相关阶段的参与将如何有助于实现其期望

- 关于项目章程，下列说法错误的是 __(34)__ 。

（34）A．项目章程一旦获得批准，项目也就正式立项

B．项目章程授权项目经理将组织资源用于项目活动

C．展示组织对项目的承诺

D．本过程需要开展多次来完成

- 立项管理文件一般不包括 __(35)__ 。

（35）A．项目建议书　　　　　　B．可行性研究报告

C．项目评估报告　　　　　　D．协议分析书

- 下列关于识别干系人的说法，不正确的是 __(36)__ 。

（36）A．识别干系人是启动阶段一次性的活动

B．识别干系人管理过程可以在编制和批准项目章程之前开展

C．识别干系人管理过程可以与编制和批准项目章程的同时首次开展

D．每次重复开展识别干系人管理过程，都应通过查阅项目管理计划组件及项目文件，来识别有关的项目干系人

- 系统集成项目的项目干系人的主要类别一般不包括 __(37)__ 。

（37）A．政府监管人员　B．供应商　　C．项目团队及成员　D．用户

- 可作为识别干系人过程输入的项目文件不包括 __(38)__ 。

（38）A．变更日志　　B．审计日志　　C．问题日志　　D．需求文件

- 下列哪一项不属于识别干系人的工具与技术？ __(39)__

（39）A．数据收集　　B．数据分析　　C．数据表现　　D．数据审计

- 干系人登记册记录关于已识别干系人的信息，不包括 __(40)__ 。

（40）A．身份信息　　B．评估信息　　C．绩效信息　　D．干系人分类

- 项目带来的效益可以是有形的、无形的或两者兼有之。下列不属于有形效益的是 __(41)__ 。

（41）A．货币资产　　B．股东权益　　C．公共事业　　D．商标

- 按照后果的不同，风险可划分为 __(42)__ 和投机风险。。

（42）A．可管理风险　　B．纯粹风险　　C．人为风险　　D．自然风险

- 关于 SWOT 分析的描述，不正确的是 __(43)__ 。

（43）A．SWOT 分析指的是对项目的优势、劣势、机会和威胁进行逐个检查

B．在识别风险时，会将内部产生的风险包含在内，从而拓宽识别风险的范围

C．分析组织优势能在多大程度上克服威胁，组织劣势是否会妨碍机会的产生

D. 分析过程中开展假设条件和制约因素分析，来探索假设条件和制约因素的有效性

● 适用于实施定性风险分析过程的数据表现技术中，使用两个以上的参数对风险分类，不能使用 （44） 。

（44）A. 气泡图　　　　　B. 概率和影响矩阵　C. 层级图　　　　　D. 敏感性分析

● 下列关于适用于实施定量风险分析过程数据分析技术的描述，不正确的是 （45） 。

（45）A. 在模拟单个项目风险和其他不确定性来源的综合影响时，通常采用蒙特卡洛分析

B. 敏感性分析有助于确定对项目结果具有最大潜在影响的单个项目风险

C. 决策树分析中，仅通过计算每条分支的预期货币价值，不能选出最优的路径

D. 影响图是在不确定条件下进行决策的图形辅助工具

● 不同类型的招标文件适用的条件不同，招标文件的类型中一般不包含 （46） 。

（46）A. RFI　　　　　　B. RFQ　　　　　　C. RFP　　　　　　D. RFO

● （47） 不属于项目范围管理的过程。

（47）A. 规划范围管理　B. 收集需求　　　　C. 排列活动顺序　D. 创建 WBS

● （48） 不属于制订项目管理计划中的工具与技术。

（48）A. 专家判断　　　　B. 数据收集　　　　C. 人际关系与团队技能　D. 项目审批

● 项目团队把 （49） 作为初始项目规划的起点。

（49）A. 项目目标　　　　B. 项目方向　　　　C. 项目章程　　　　D. 项目内容

● （50） 不是应对项目风险管理技术风险中黑客攻击的措施。

（50）A. 加强病毒检测　　　　　　　　B. 加强入侵检测

C. 更换服务器厂商　　　　　　　　D. 设置防火墙

● （51） 不是规划范围管理过程使用的项目管理计划组件。

（51）A. 质量管理计划　　　　　　　　B. 项目生命周期描述

B. 开发方法　　　　　　　　　　D. 范围管理计划

● （52） 不是定义范围过程的主要作用。

（52）A. 描述产品、服务或成果　　　　B. 描述边界

C. 验收标准　　　　　　　　　　D. 确定人员

● 创建工作分解结构（WBS）的主要作用是 （53） 。

（53）A. 为所要交付的内容提供框架　　B. 为所要交付的内容提供实施方案

C. 为所要交付的内容提供管理计划　D. 为所要交付的内容提供项目文件

● （54） 不是创建 WBS 的常用方法。

（54）A. 自上而下的方法　　　　　　　B. 使用组织特定的指南

C. 使用 WBS 模板　　　　　　　　D. 使用项目分析

● （55） 不是创建 WBS 的输出。

（55）A. 经过批准的范围说明书　　　　B. 项目的主要计划

C. WBS　　　　　　　　　　　　D. WBS 相应的字典

● PDM 中的活动关系类型有 （56） 种。

（56）A. 3　　　　　　　　B. 4　　　　　　　　C. 5　　　　　　　　D. 6

- __（57）__不是制订进度计划的主要工具。

  （57）A. 关键路径法　　　B. 资源优化　　　　C. 进度压缩　　　　D. 最小路径生成

- 可作为实施风险应对过程输入的项目文件不包括__（58）__。

  （58）A. 经验教训登记册　　　　　　　　B. 风险登记册

  　　　C. 风险报告　　　　　　　　　　　D. 风险管理计划

- __（59）__是用于确定项目活动是否遵循了组织和项目的政策、过程与程序的一种结构化且独立的过程。

  （59）A. 数据收集　　　B. 数据分析　　　　C. 审计　　　　　D. 决策

- __（60）__是一种展示两个变量之间的关系的图形，它能够展示两支轴的关系，一般一支轴表示过程、环境或活动的任何要素，另一支轴表示质量缺陷。

  （60）A. 散点图　　　　B. 矩阵图　　　　　C. 流程图　　　　D. 直方图

- 如果在开展项目工作时发现问题，就可提出__（61）__，对项目政策或程序、项目或产品范围、项目成本或预算、项目进度计划、项目或产品结果的质量进行修改。

  （61）A. 变更请求　　　B. 日志变更　　　　C. 可交付成果　　D. 项目管理

- 以下不属于变更请求的是__（62）__。

  （62）A. 纠正措施　　　B. 预防措施　　　　C. 更新　　　　　D. 日志变更

- 可作为管理干系人参与过程输入的项目文件不包括__（63）__。

  （63）A. 变更日志　　　　　　　　　　　B. 项目管理册

  　　　C. 经验教训登记册　　　　　　　　D. 干系人登记册

- 管理干系人参与过程使用的项目管理计划组件不包括__（64　）__。

  （64）A. 沟通管理计划　　　　　　　　　B. 风险管理计划

  　　　C. 文件管理计划　　　　　　　　　D. 干系人参与计划

- 风险登记册是以下哪种文件的一个组成部分？__（65）__

  （65）A. 项目管理计划　B. 项目文件　　　C. 采购文档　　　D. 卖方建议书

- __（66）__用于分析质量控制测量结果、质量测试与评估结果、质量报告等，以便判断质量过程的实施情况好坏。

  （66）A. 备选方案分析　　　　　　　　　B. 文件分析

  　　　C. 过程分析　　　　　　　　　　　D. 根本原因分析

- 管理质量是__（67）__的职责。

  （67）A. 项目经理　　　B. 项目团队　　　　C. 项目发起人　　D. 以上所有

- 控制范围过程的主要输入为项目管理计划、项目文件和工作绩效数据，主要输出为__（68）__。

  （68）A. 工作绩效信息　B. 绩效测量基准　　C. 核对单　　　　D. 可交付成果

- 项目管理信息系统常用于监测 PV、__（69）__和 AC 这三个 EVA 指标，绘制趋势图，并预测最终项目结果的可能区间。

  （69）A. BV　　　　　　B. AE　　　　　　　C. EV　　　　　　D. BA

- 监控过程组控制成本的主要工具与技术不包括__（70）__。

  （70）A. 挣值分析　　　B. 偏差分析　　　　C. 趋势分析　　　D. 日志分析

- When there is uncertainty associated with one or more aspects of the project, one of the first steps to take is to：___(71)___.

   （71）A．revise project plan　　　　　　B．conduct a risk-benefit analysis

   　　　 C．conduct a needs analysis　　　　D．increase the estimated cost of the project

- Which one of the following is the last step of project closing?___(72)___

   （72）A．Client has accepted the product　　B．Archives are complete

   　　　 C．Client appreciates your product　　D．Lessons learnd are documented

- ___(73)___ is a key aspect of quality control.

   （73）A．Limited in scope　　　　　　　B．Minimal planning resources

   　　　 C．Generic cost controls　　　　　D．Project wide focus

- Your IT company is responsible for making software virus programs. You are responsible for managing both the individual product releases and the coordination of multiple releases over time. Your role is a___(74)___。

   （74）A．Product Manager　　　　　　　B．Project Manager

   　　　 C．Functional Manager　　　　　D．Operations Manager

- You are working in the Project Office of your organization. Maybe your job responsibility is___(75)___.

   （75）A．managing the different activities of a project

   　　　 B．always being responsible for the results of the project

   　　　 C．providing support functions to Project Managers in the form of training, software, templates etc.

   　　　 D．providing subject matter expertise in the functional areas of the project

系统集成项目管理工程师机考试卷 第6套（冲刺卷）
应用技术

试题一（20分）

阅读以下项目背景信息，并回答【问题1】至【问题4】，将解答填入答题区的对应位置。

【说明】在数字化转型浪潮的推动下，银行业正面临着前所未有的变革与挑战，传统银行系统已难以高效满足新兴的业务需求。因此，公司决定快速启动银行系统改造升级项目，并任命经验丰富的小赵作为本次项目的项目经理。

小赵根据自己多年的经验，完成了需求规格说明书和项目范围说明书，并按照项目生命周期创建了WBS，将项目分解为"需求分析、方案设计、技术实施、测试和验收"等过程。

就在系统升级改造结束之际，公司领导提出新系统的数据模块不仅仅是要记录交易数据，更核心的是要具备数据分析功能，能够识别欺诈行为、评估信贷风险、监控市场变化，从而有效提升风险管理水平。领导要求小赵完善系统功能并如期交付。

小赵随即重新修订了系统方案，对系统数据功能进行扩充和完善。此后公司领导又多次向小赵提出范围变更要求，小赵只能硬着头皮按照领导的要求进行修改。

【问题1】（4分）
结合案例，请从项目范围管理的角度指出该项目实施过程中存在的问题。

【问题2】（4分）
结合案例，说明范围说明书包含的内容。

【问题3】（5分）
结合案例，说明创建WBS的正确步骤。

【问题4】（7分）
结合案例，说明范围变更的正确工作程序。

试题二（15分）

阅读以下项目背景信息，并回答【问题1】至【问题4】，将解答填入答题区的对应位置。

【说明】某企业正在开展一个大型项目，项目涉及多个任务。项目经理根据历史数据和专家意见，已经为各个任务制定了乐观时间、最可能时间和悲观时间。现在请你根据这些信息，对项目进行工期估算和进度安排。具体的任务安排如下表所示：

任务	紧前活动	乐观时间/天	最可能时间/天	悲观时间/天
A	—	3	5	7
B	A	4	6	8
C	A	2	4	6
D	B	5	7	9
E	C	1	3	5
F	C	2	3	4

【问题1】（3分）

假设表中的估算值服从 β 分布，请计算每个任务的期望工期，并确定项目的总工期和关键路径。

【问题2】（4分）

根据项目的关键路径，分析任务 D 的浮动时间。

【问题3】（5分）

如果在项目开始后的第 10 天末，发现任务 A 已经完成，任务 B 完成了 60%，任务 C 完成了 40%，任务 D 尚未开始，任务 E 和 F 也尚未开始。请评估项目的进度执行情况，并提出改进措施。

【问题4】（3分）

假设在项目执行过程中，由于某些原因，任务 E 的工期延长了 8 天，请分析这对项目的总工期和关键路径的影响。

试题三（20分）

阅读下列说明，并回答【问题1】至【问题4】，将解答填入答题区的对应位置。

【说明】某软件开发公司 C 与一家零售企业 D 签订了一份 ERP（企业资源计划）系统实施合同，合同中规定了一系列的实施细节、交付成果以及工期。然而，在实施过程中，企业 D 因市场扩张需求，进行了内部组织架构的重大调整，导致原有的业务流程发生了显著变化。公司 C 在得知此情况后，提出了暂停项目的建议，并经过协商得到了企业 D 的同意。

暂停期间，公司 C 的部分项目团队成员因个人原因离职，而新加入的团队成员对项目的背景和要求了解不足。同时，企业 D 的新组织架构也带来了业务流程的重新设计，原有的 ERP 系统需求发生了较大变动。

当项目重新启动时，公司 C 提出由于需求变更和新团队成员的加入，需要增加项目预算和延长工期。然而，企业 D 认为这些变化是项目实施中常见的风险，且公司 C 在项目管理上存在问题，如文档管理不规范、人员流动风险应对不足等。双方就此问题未能达成一致，陷入了纠纷。

【问题1】（4分）

分析公司 C 在合同管理和文档管理方面存在哪些问题，并给出改进建议。

【问题2】（8分）

针对案例中的情况，分析公司 C 在项目管理上存在哪些主要问题，并提出改进措施。

【问题3】（4分）

为了项目的顺利进行，公司 C 和企业 D 应如何协作，以处理当前的纠纷和未来的合作？

【问题4】（4分）

根据《中华人民共和国民法典》的相关规定，选出下列选项中不属于违约责任承担方式的项。（选项多于标准答案则本题得0分）

A．不予承认　　　　　B．继续履行合同　　　　C．采取补救措施

D．支付赔偿金　　　　E．支付违约金　　　　　F．合同解除

试题四（20分）

阅读下列说明，并回答【问题1】至【问题4】，将解答填入答题区的对应位置。

【说明】 近期，某公司在多个系统集成项目中收到了客户的投诉，主要涉及项目质量问题。公司高层决定派遣一名资深质量专家对项目进行全面审查，并提出改进措施。

质量专家进驻项目团队后，对项目质量管理活动进行了深入的结构化评审，找出了潜在的问题点，并分享了公司在类似项目中的成功经验和教训。随后，项目团队决定以即将启动的 B 项目为试点，应用质量专家的改进建议。为此，质量保证工程师（QA）被指派负责监控项目执行过程，确保改进措施得到有效落实。

QA 在收集了项目的进度、成本等关键信息后，结合公司的质量方针，制订了详细的质量管理计划。在计划执行过程中，QA 采用了一系列工具与技术来监控项目质量，并定期向项目团队报告质量控制成果。经过一系列努力，B 项目的质量水平得到了显著提升。

【问题1】（4分）

请指出质量专家在审查项目时所采用的主要工具与技术，并说明该工具与技术主要应用于质量管理过程中的哪个阶段。

【问题2】（5分）

假设你是 QA，请列举在执行控制质量时可能采用的一些工具或技术。

【问题3】（6分）

在执行控制质量的过程中，QA 会输出哪些主要的质量控制成果？请简要列举。

【问题4】（5分）

请将以下质量管理技术的简称与对应的中文名称进行匹配，并将匹配后的中文名称编号填入答题区的对应位置。

A．供应商、输入、过程、输出、客户模型　　B．质量成本

C．质量功能展开　　　D．企业流程再造　　　E．根本原因分析

简称	中文名称选项编号
COQ	（1）
RCA	（2）
SIPOC	（3）
QFD	（4）
BPR	（5）

系统集成项目管理工程师机考试卷 第6套（冲刺卷）
基础知识参考答案/试题解析

（1）**参考答案**：C

💬**试题解析** 智慧城市的核心组成部分通常包括智能交通系统、云计算数据中心和物联网技术应用等，而传统基础设施虽然重要，但不是智慧城市的特有或核心组成部分。

（2）**参考答案**：C

💬**试题解析** 《中华人民共和国网络安全法》规定，关键信息基础设施的运营者应当制定网络安全事件应急预案，定期进行网络安全检测与风险评估，并在发生网络安全事件时依法向有关主管部门报告。同时，还需依法留存相关的网络日志不少于六个月。

（3）**参考答案**：D

💬**试题解析** 将基础设施作为服务的云计算服务类型是 IaaS（Infrastructure as a Service），即基础设施即服务。这种云计算服务把 IT 基础设施作为一种服务通过网络对外提供，并根据用户对资源的实际使用量或占用量进行计费。

（4）**参考答案**：D

💬**试题解析** 大数据关键技术分为四类：大数据获取技术、大数据分布式处理技术，大数据管理技术，大数据应用与服务技术。数据挖掘、数据可视化都属于大数据应用与服务技术；数据清洗属于大数据获取技术。数据压缩虽然是一种数据处理技术，但并不是大数据的关键技术。

（5）**参考答案**：C

💬**试题解析** IT 服务生存周期是指 IT 服务从**战略规划、设计实现、运营提升到退役终止**的演变，IT 服务生命周期的引入，改变了 IT 服务在不同阶段相互割裂、独立实施的局面，通过连贯的逻辑体系，以战略规划为指引，设计实现为准绳，通过服务运营实现价值转化，直至服务的退役终止。同时伴随着监督管理的不断完善，将服务中的不同阶段的不同过程有机整合为一个井然有序、良性循环的整体，使服务质量得以不断改进和提升。

（6）**参考答案**：D

💬**试题解析** IT 服务的产业化进程分为产品服务化、服务标准化和服务产品化三个阶段。

产品服务化：软硬件服务化已成为 IT 产业发展的主要方向之一，特别是云计算、物联网、移动互联网等新模式、新技术的不断出现，改变了软硬件的营销、生产和交付模式。软件即服务、平台即服务、基础设施即服务等业态的出现，促使软硬件组织以产品为基础向以服务为基础转型。

服务标准化：标准化是确保服务实现专业化、规模化的前提，也是规范服务的重要手段。在服务标准化的过程中，标准化的核心作用是确定服务的范围和内容，规范组成服务的各种要素，从而为服务的规模化生产和消费奠定基础。

服务产品化:产品化是实现产业化的前提和基础,只有需方对服务产品达到一致认识的前提下,服务的规模化生产和消费才能成为可能。

总地来说,**产品服务化是服务标准化的前提,服务标准化是服务产品化的保障,服务产品化是 IT 服务的发展趋势。**

（7）参考答案：C

🖋️试题解析   《信息技术服务 质量评价指标体系》（GB/T 33850）定义了 IT 服务质量模型。质量模型用于定义服务质量的各项特性,它把信息服务的质量的特性分为 5 个大类:**安全性**、可靠性、**响应性**、有形性和**友好性**。每个大类服务质量特性进一步细分为若干子特性。这些特性和子特性适用于定义各类 IT 服务的评价指标。

安全性: IT 服务供方在服务过程中保障需方的信息安全的程度。其子特性包括可用性（确保授权用户对信息的正常使用不应被异常拒绝及在必要时能及时地访问和使用的程度）、完整性（确保供方在服务提供过程中管理的需方信息不被非授权篡改、破坏和转移的程度）、保密性（确保供方在服务提供过程中不泄露信息给非授权的用户或实体的程度）。

可靠性:IT 服务供方在规定条件下和规定时间内履行服务协议的程度。其子特性包括:完备性（供方所提供的服务是否具备了服务协议中承诺的所有功能的程度）、连续性（确保服务协议在任何情况下都能得到满足的程度,致力于将风险降低至合理水平以及在业务中断以后进行业务恢复两个方面）、稳定性（供方所提供的服务能够稳定地达到服务协议约定的要求的程度）、有效性（供方按照服务协议要求对服务请求进行解决的程度）、可追溯性（供方在服务过程中涉及的活动实现有据可查的程度）。

响应性: IT 服务供方按照服务协议要求及时受理需方服务请求的程度。其子特性包括:及时性（供方按照服务协议要求对服务请求响应快慢的程度）、互动性（供方通过建立适宜的互动沟通机制保障供需双方进行信息交换的程度）。

有形性:IT 服务供方通过实体证据展现其服务的程度,这些实体证据通常包括人员形象、服务设施、服务流程、服务工具及服务交付物等。其子特性包括:可视性（供方向需方以可见的方式展现其服务的程度）、专业性（供方在服务过程中展现出的规范性、标准性和先进性的程度）、合规性（供方提供的 IT 服务遵循标准、约定或法规以及类似规定的程度）。

友好性: IT 服务供方设身处地为需方着想和对需方给予特别关注的程度。其子特性包括:主动性（供方主动感知需方需求并积极采取措施保障服务提供的程度）、灵活性（供方应对需方需求变化的程度）、礼貌性（供方在服务提供过程中展现的服务语言、行为和态度规范化的程度）。

（8）参考答案：C

🖋️试题解析   "十四五"规划提出:坚持总体国家安全观,实施国家安全战略,维护和塑造国家安全,把安全发展贯穿国家发展各领域和全过程,防范和化解影响我国现代化进程的各种风险,筑牢国家安全屏障。IT 服务产业作为国家战略科技力量和重要基础设施重要性突出,安全发展也必须贯穿全过程。

（9）参考答案：C

🖋️试题解析   对信息系统架构的定义描述,可以从以下 6 个方面进行理解。

1）架构是对系统的抽象,它通过描述元素、元素的外部可见属性及元素之间的关系来反映这种抽象。因此，仅与内部具体实现有关的细节是不属于架构的，即架构的定义强调元素的"外部可见"属性。

2）架构由多个结构组成，结构从功能角度来描述元素之间的关系，具体的结构传达了架构某方面的信息，但是个别结构一般不能代表大型信息系统架构。

3）任何软件都存在架构，但软件存在架构不一定有对该架构的具体表述文档，即架构可以独立于架构的描述而存在。

4）元素及其行为的集合构成架构的内容，架构体现了系统由哪些元素组成，这些元素各有哪些功能（外部可见），以及这些元素间如何连接与互动。架构在两个方面对系统进行抽象：在静态方面，关注系统的大粒度或宏观总体结构（如分层结构）；在动态方面，关注系统内关键行为的共同特征。

5）架构具有"基础"性。它通常涉及解决各类关键重复问题的通用方案（复用性），以及系统设计中影响深远（架构敏感）的各项重要决策（一旦贯彻，更改的代价昂贵）。

6）架构隐含有"决策"，即架构是由架构设计师根据关键的功能和非功能性需求（质量属性及项目相关的约束）进行设计与决策的结果。不同的架构设计师设计出来的架构是不一样的，为避免架构设计师考虑不周，重大决策应经过评审。架构设计师自身的水平是一种约束，不断学习和积累经验才是摆脱这种约束走向优秀架构师的必经之路。

（10）**参考答案：B**

🖋**试题解析** 常用架构模型主要有单机应用模式、客户端/服务器模式、面向服务架构（Service Oriented Architecture，SOA）模式、组织级数据交换总线等。

（11）**参考答案：C**

🖋**试题解析** 常用的应用架构规划与设计的基本原则有：业务适配性原则、应用聚合化原则、功能专业化原则、风险最小化原则和资产复用化原则。

业务适配性原则：应用架构应服务和提升业务能力，能够支撑组织的业务或技术发展战略目标，同时应用架构要具备一定的灵活性和可扩展性，以适应未来业务架构发展所带来的变化。

应用聚合化原则：基于现有系统功能，通过整合部门级应用，解决应用系统多、功能分散、重叠、界限不清晰等问题，推动组织集中的"组织级"应用系统建设。

功能专业化原则：按照业务功能聚合性进行应用规划，建设与应用组件对应的应用系统，满足不同业务条线的需求，实现专业化发展。

风险最小化原则：降低系统间的耦合度，提高单个应用系统的独立性，减少应用系统间的相互依赖，保持系统层级、系统群组之间的松耦合，规避单点风险，降低系统运行风险，保证应用系统的安全稳定。

资产复用化原则：鼓励架构资产的提炼和重用，满足快速开发和降低开发与维护成本的要求。规划组织级共享应用成为基础服务，建立标准化体系，在组织内复用及共享。同时，通过复用服务或者组合服务，使架构具有足够的弹性以满足不同业务条线的差异化业务需求，支持组织业务持续发展。

（12）**参考答案：D**

🖋**试题解析** 合理的数据架构设计应该能解决以下问题：功能定位合理性问题，面向未来发展的可扩展性问题，处理效率高或者说高性价比的问题；数据合理分布和数据一致性问题。数据架构设计应遵循的一般原则如下。

数据分层原则：组织数据按照生命周期就是分层次的，因此数据分层原则更多应该解决的是层次定位合理性的问题。在给每个层次进行定位的同时，还要对每个层次的建设目标、设计方法、模型、数据存储策略及对外服务原则进行一定的约束性定义和控制。

数据处理效率原则：合理的数据架构需要解决数据处理效率的问题。所有的数据存储和处理都是有代价的。数据处理的代价主要就是数据存储与数据变迁的成本，在实践中，真正影响数据处理效率的是大规模的原始数据的存储与处理。在这些原始明细数据的加工、处理、访问的过程中，应尽量减少明细数据的冗余存储和大规模的搬迁操作，可以提升数据处理效率。

数据一致性原则：合理的数据架构能够有效地支持数据管控体系，很多的数据不一致性是因为数据架构不合理所导致的。其中，最大的原因就是数据在不同层次分布中的冗余存储以及按照不同业务逻辑的重复加工。因此，如何在数据架构中减少数据重复加工和冗余存储，是保障数据一致性的关键所在。

数据架构可扩展性原则：数据架构设计的可扩展性原则可以从以下角度来保障：基于分层定位的合理性原则之上（只有清晰的数据层次定位，以及每个数据层次合理的模型和存储技术策略，才能更好地保证数据架构在未来支持新增业务类型、新增数据整合要求、新增数据应用要求的过程中的可扩展性）；对数据存储模型和数据存储技术进行考虑。

服务于业务原则：合理的数据架构、数据模型、数据存储策略，最终目标都是服务于业务。

（13）**参考答案**：B

试题解析：简单地说，软件需求就是系统必须完成的事和必须具备的品质。需求是多层次的，包括业务需求、用户需求和系统需求，这3个不同层次的需求从目标到具体，从整体到局部，从概念到细节。

（14）**参考答案**：D

试题解析：DFD（Data Flow Diagram）建模方法也称为过程建模和功能建模方法。DFD建模方法的核心是数据流，从应用系统的数据流着手，以图形方式刻画和表示一个具体业务系统中的数据处理过程和数据流动过程。

（15）**参考答案**：A

试题解析：统一建模语言（Unified Modeling Language，UML）是一种定义良好、易于表达、功能强大且普遍适用的建模语言。它融入了软件工程领域的新思想、新方法和新技术，它的作用域不仅支持面向对象分析（Object Oriented Analysis，OOA）和面向对象设计（Object Oriented Design，OOD），还支持从需求分析开始的软件开发的全过程。从总体上来看，UML的结构包括构造块、规则和公共机制3个部分。

（16）**参考答案**：B

试题解析：根据《计算机软件测试规范》（GB/T 15532），根据软件测试的测试阶段的不同，软件测试可分为单元测试、集成测试、确认测试、系统测试、配置项测试和回归测试6个类别。

（17）**参考答案**：A

试题解析　数据预处理一般分为数据分析、数据检测和数据修正3个步骤。

数据分析：从数据中发现控制数据的一般规则，比如字段域、业务规则等。通过对数据的分析，定义出数据清理的规则，并选择合适的算法。

数据检测：根据预定义的清理规则及相关数据清理算法，检测数据是否正确，比如是否满足字段域、业务规则等，或检测记录是否重复。

数据修正：修正检测到的错误数据或重复的记录等。

（18）参考答案：A

🖊**试题解析** 从技术上看，衡量容灾系统有两个主要指标，即恢复点目标（Recovery Point Object，RPO）和恢复时间目标（Recovery Time Object，RTO）。其中 RPO 代表了当灾难发生时允许丢失的数据量（通常以时间表示，如允许丢失 3 小时或 1 天的数据量），而 RTO 则代表了系统恢复的时间。

（19）参考答案：C

🖊**试题解析** 逻辑模型是根据概念模型而建立的模型，主要解决"系统需要做什么"的问题，而逻辑模型主要解决"系统怎么做的问题"。目前主要的逻辑模型有层次模型、网状模型、关系模型、面向对象模型和对象关系模型。其中，关系模型应用范围广，相关的数据库产品丰富且成熟，是目前最重要的一种逻辑数据模型。

（20）参考答案：C

🖊**试题解析** 数据分级是指按照数据遭到破坏（包括攻击、泄露、篡改、非法使用等）后对国家安全、社会秩序、公共利益以及公民、法人和其他组织的合法权益（受侵害客体）的危害程度，对数据进行定级。数据定级主要用于数据全生命周期管理中的安全策略制定。

数据分级常用的分级维度有按特性分级、基于价值（公开、内部、重要核心等）、基于敏感程度（公开、秘密、机密、绝密等）、基于司法影响范围（境内、跨区、跨境等）等。

（21）参考答案：D

🖊**试题解析** 通用语言运行环境（Common Language Runtime，CLR）处于 .net 开发框架的底层，是该框架的基础，它为多种语言提供了统一的运行环境、统一的编程模型，大大简化了应用程序的发布和升级、多种语言交互、内存和资源的自动管理等。

（22）参考答案：B

🖊**试题解析** 项目管理知识体系（Project Management Body of Knowledge，PMBOK）是由美国项目管理协会（Project Management Institute，PMI）开发的一套描述项目管理专业范围的知识体系，包含了对项目管理所需的知识、技能和工具的描述。

美国国家标准学会（American National Standards Institute，ANSI）是美国国家的官方标准化组织。1996 年《PMBOK 指南》初版，2004 年《PMBOK 指南（第 3 版）》出版，并第一次在其封面上印刷了"ANSI 标准"的标识。

（23）参考答案：A

🖊**试题解析** 有 **3 种**不同的管理模式可以对项目进行管理：独立项目（不包括在项目集或项目组合中）、在项目集内进行管理、在项目组合内进行管理。如果在项目集或项目组合内管理某个项目，则项目经理需要与项目集或项目组合经理沟通与合作。

为达成组织的一系列目的和目标，可能需要实施多个项目，在这种情况下项目可能被归入项目集中。项目集是一组相互关联且被协调管理的项目、子项目集和项目集活动，目的是获得分别管理所无法获得的利益。项目集不是大项目。

有些组织可能会采用项目组合，用于有效管理在任何特定的时间内同时进行的多个项目集和项目。项目组合是指为实现战略目标而组合在一起管理的项目、项目集、子项目组合和运营工作。

（24）**参考答案：D**

✍**试题解析**　**项目管理办公室**（Project Management Office，PMO）是项目管理中常见的一种组织结构。PMO 对与项目相关的治理过程进行标准化，并促进资源、方法论、工具和技术共享。PMO 的职责范围可大可小，小到提供项目管理支持服务，大到可以直接管理一个或多个项目。PMO 的具体形式、职能和结构取决于所在组织的需要。

（25）**参考答案：A**

✍**试题解析**　**项目经理**是指由执行组织委派，领导团队实现项目目标的个人。项目经理的报告关系依据组织结构和项目治理而定。

项目经理除了要具备项目所需的特定技能和通用管理能力外，还应具备以下能力：掌握关于项目管理、商业环境、技术领域和其他方面的知识，以便有效管理特定项目；具备有效领导项目团队、协调项目工作、与干系人协作、解决问题和做出决策所需的技能；具备编制项目计划、管理项目工作，以及开展陈述和报告的能力；拥有成功管理项目所需的其他特性，如个性、态度、道德和领导力。

项目经理通过项目团队和其他干系人来完成工作。因此项目经理需要依赖人际关系技能，这些技能包括领导力、团队建设、激励、沟通、影响力、决策、政治和文化意识、谈判、引导、冲突管理和教练技术等。

项目经理的成功取决于项目目标的实现。干系人的满意程度是衡量项目经理成功的另一个标准。项目经理应处理干系人的需要、关注和期望，令有关的干系人满意。为了取得成功，项目经理应该裁剪项目方法、生命周期和项目管理过程，以满足项目和产品要求。

（26）**参考答案：C**

✍**试题解析**　混合型生命周期是**预测型生命周期和适应型生命周期**的组合。项目生命周期具有复杂性和多维性。特定项目的不同阶段往往采用不同的生命周期，项目管理团队需要确定项目及其不同阶段最适合的生命周期。

（27）**参考答案：B**

✍**试题解析**　投资费用就是固定资本与净周转资金的合计。

固定资本是建设和装备一个投资项目所需的资金。固定资本除固定投资外还包括项目启动前的所有投资费用，诸如筹建开办费、项目可行性研究和其他咨询费、项目建设期间贷款利息、人员培训费以及试运行费用等。

周转资金（或称流动资金）则相当于经营该项目所需的全部或部分资金，在项目评价阶段计算周转资金需要量很重要，应使它保持在一个合理的、必要的水平上。净周转资金则是流动资产减去短期负债。流动资产包括应收账款、存货（配件、辅助材料、供应品、包装材料、备件及小工具等）、在制品、成品和现金，短期负债主要包括应付账款（贷方）等。

在不同的研究设计阶段，投资估算的精确性不同。毛估和粗估（一般可据此否定或初步肯定一个项目）的估计精度要求一般在**±30%**，初步项目可行性研究要求的估计精度一般在±20%，详细可行性研究要求的估计精度一般在±10%，设计开发时的估算精度一般在±5%。

（28）参考答案：D

🖐试题解析 高度适应型项目往往在整个项目生命周期内**持续实施所有的项目管理过程组**，也就是说，在整个项目生命周期内，持续实施"启动、规划、执行、监控、收尾"这 5 个过程组中的前 4 个。

（29）参考答案：C

🖐试题解析 领导力与职权不同。职权是指组织内人员被赋予的控制地位，可以帮助高效履行其职能。职权通常通过正式手段（例如章程文件或指定的职务）授予某人。职权与领导力不同。例如，某项目经理被授予了组建项目团队并交付某项成果的职权，但项目经理仅仅拥有职权是不够的，他还需要用领导力来**激励团队**成员处理好个人与项目集体之间的关系，**激励团队**实现共同的目标。

（30）参考答案：B

🖐试题解析 项目管理者在"优化风险应对"时应该关注的关键点包括：**单个和整体的风险都会对项目造成影响；风险可能是积极的（机会），也可能是消极的（威胁）；项目团队需要在整个项目生命周期中不断应对风险；组织的风险态度、偏好和临界值会影响风险的应对方式；**项目团队持续反复地识别风险并积极应对，需要关注的要点包括明确风险的重要性，考虑成本效益，切合项目实际，与干系人达成共识，明确风险责任人。

（31）参考答案：A

🖐试题解析 知识领域即知识在项目管理中所属的项目管理领域。虽然知识领域相互联系，但从项目管理的角度来看，它们是分别定义的。在大多数情况下，大部分项目通常使用的是如下所述的 10 个知识领域。

项目整合管理：识别、定义、组合、统一和协调各项目管理过程组的各个过程和活动。

项目范围管理：确保项目做且只做所需的全部工作以成功完成项目。

项目进度管理：管理项目按时完成所需的各个过程。

项目成本管理：为使项目在批准的预算内完成而对成本进行规划、估算、预算、融资、筹资、管理和控制。

项目质量管理：把组织的质量政策应用于规划、管理、控制项目和产品的质量，以满足干系人的期望。

项目资源管理：识别、获取和管理所需资源以成功完成项目。

项目沟通管理：确保项目信息及时且恰当地规划、收集、生成、发布、存储、检索、管理、控制、监督和最终处置。

项目风险管理：规划风险管理、识别风险、开展风险分析、规划风险应对、实施风险应对和监督风险。

项目采购管理：从项目团队外部采购或获取所需产品、服务或成果。

项目干系人管理：识别影响或受项目影响的人员、团队或组织，分析干系人对项目的期望和影响，制订合适的管理策略来有效调动干系人参与项目决策和执行。

（32）**参考答案：C**

🗡**试题解析**　制定项目章程是编写一份正式批准项目并授权项目经理在项目活动中使用组织资源的文件，其主要作用：一是明确项目与组织战略目标之间的直接联系；二是确立项目的正式地位；三是展示组织对项目的承诺。

（33）**参考答案：B**

🗡**试题解析**　启动过程组的目的是协调各方干系人的期望与项目目的，告知各干系人项目范围和目标，并商讨他们对项目及相关阶段的参与将如何有助于实现其期望。启动过程组的主要作用是确保只有符合组织战略目标的项目才能被立项，以及在项目开始时就认真考虑商业论证、项目效益和干系人。

（34）**参考答案：D**

🗡**试题解析**　制定项目章程是编写一份正式批准项目并授权项目经理在项目活动中使用组织资源的文件的过程。项目章程展示了组织对项目的承诺，项目章程一旦获得批准，项目也就正式立项，项目经理就有权将组织资源用于项目活动。本过程仅开展一次或仅在项目的预定义时开展。

（35）**参考答案：D**

🗡**试题解析**　立项管理阶段经批准的结果或相关的立项管理文件是用于制定项目章程的依据，一般包括项目建议书、可行性研究报告、项目评估报告等。

（36）**参考答案：A**

🗡**试题解析**　识别干系人不是启动阶段一次性的活动，而是在项目过程中根据需要在整个项目期间定期开展。识别干系人管理过程通常在编制和批准项目章程之前或同时首次开展，之后的项目生命周期过程中在必要时重复开展，至少应在每个阶段开始时以及项目或组织出现重大变化时重复开展。每次重复开展识别干系人管理过程，都应通过查阅项目管理计划组件及项目文件，来识别有关的项目干系人。

（37）**参考答案：A**

🗡**试题解析**　在系统集成项目建设过程中，项目干系人的主要类别通常包括项目客户和用户、项目团队及成员、项目发起人、资源或职能部门、供应商，以及其他相关组织或个人等。

（38）**参考答案：B**

🗡**试题解析**　可作为识别干系人过程输入的项目文件主要包括变更日志、问题日志和需求文件等。

（39）**参考答案：D**

🗡**试题解析**　识别干系人的工具与技术主要有数据收集、数据分析和数据表现。

（40）**参考答案：C**

🗡**试题解析**　干系人登记册记录关于已识别干系人的信息，主要包括身份信息、评估信息和干系人分类等。

身份信息：包括姓名、组织职位、地点、联系方式，以及在项目中扮演的角色。

评估信息：包括主要需求、期望、影响项目成果的潜力，以及干系人最能影响或冲击的项目生命周期阶段。

干系人分类：指用作用影响方格、干系人立方体、凸显模型、影响方向、优先级排序等工具对干系人进行分类。

（41）**参考答案**：D

🖋**试题解析**　有形效益的例子包括货币资产、股东权益、公共事业、固定设施、工具和市场份额等；无形效益的例子包括商誉、品牌认知度、公共利益、商标、战略一致性和声誉等。

（42）**参考答案**：B

🖋**试题解析**　按照后果的不同，风险可划分为纯粹风险和投机风险。

纯粹风险：指不能带来机会、无获得利益可能的风险。纯粹风险只有两种可能的后果：造成损失和不造成损失。纯粹风险造成的损失是绝对的损失，没有人从中获得好处。纯粹风险总是和威胁、损失、不幸相联系。

投机风险：指既可能带来机会、获得利益，又隐含威胁、造成损失的风险。投机风险有 3 种可能的后果：造成损失、不造成损失和获得利益。

（43）**参考答案**：D

🖋**试题解析**　适用于识别风险过程的数据分析技术主要包括根本原因分析、假设条件和制约因素分析、SWOT 分析和文件分析等。

根本原因分析：常用于发现导致问题的深层原因并制定预防措施。可以用问题陈述（如项目可能延误或超支）作为出发点，来探讨哪些威胁可能导致该问题，从而识别出相应的威胁。也可以用收益陈述（如提前交付或低于预算）作为出发点，来探讨哪些机会可能有利于实现该效益，从而识别出相应的机会。

假设条件和制约因素分析：每个项目及其项目管理计划的构思和开发都基于一系列的假设条件，并受一系列制约因素的限制。这些假设条件和制约因素往往都已纳入范围基准和项目估算。开展假设条件和制约因素分析，可用来探索假设条件和制约因素的有效性，以确定其中哪些会引发项目风险。从假设条件的不准确、不稳定、不一致或不完整，可以识别出威胁，通过清除或放松会影响项目或过程执行的制约因素，可以创造出机会。

SWOT 分析：对项目的优势、劣势、机会和威胁进行逐个检查。在识别风险时，它会将内部产生的风险包含在内，从而拓宽识别风险的范围。首先关注项目、组织或一般业务领域，识别出组织的优势和劣势；然后找出组织优势可为项目带来的机会，组织劣势可能造成的威胁，还可以分析组织优势能在多大程度上克服威胁，组织劣势是否会妨碍机会的产生。

文件分析：通过对项目文件的结构化审查，可以识别出一些风险。可供审查的文件主要包括计划、假设条件、制约因素、以往项目档案、合同、协议和技术文件。项目文件中的不确定性或模糊性，以及同一文件内部或不同文件之间的不一致，都可能是项目风险的提示信号。

（44）**参考答案**：B

🖋**试题解析**　适用于实施定性风险分析过程的数据表现技术主要包括概率和影响矩阵、层级图等。

概率和影响矩阵：采用风险管理计划中规定的风险概率和影响定义，逐一对单个项目风险的发生概率及其对一项或多项项目目标的影响（若发生）进行评估。然后基于所得到的概率和影响的组合，使用概率和影响矩阵，来为单个项目风险分配优先级别。组织可针对每个项目目标（如成本、时间和范围）制订单独的概率和影响矩阵，并用它们来评估风险针对每个目标的优先级别。

层级图：如果使用了两个以上的参数对风险进行分类，那就不能使用概率和影响矩阵，而需要使用其他图形。例如，能显示三维数据的气泡图。

（45）**参考答案**：C

🖊**试题解析**　模拟：在定量风险分析中，使用模型来模拟单个项目风险和其他不确定性来源的综合影响，以评估它们对项目目标的潜在影响。模拟通常采用蒙特卡洛分析。对成本风险进行蒙特卡洛分析时，使用项目成本估算作为模拟的输入。

敏感性分析：有助于确定哪些单个项目风险或不确定性来源对项目结果具有最大的潜在影响。它在项目结果变化与定量风险分析模型中的要素变化之间建立联系。

决策树分析：通过决策树在若干备选行动方案中选择一个最佳方案。在决策树中，用不同的分支代表不同的决策或事件，即项目的备选路径。每个决策或事件都有相关的成本和单个项目风险（包括威胁和机会）。决策树分支的终点表示沿特定路径发展的最后结果，可以是负面或正面的结果。在决策树分析中，通过计算每条分支的预期货币价值，就可以选出最优的路径。

影响图：影响图是在不确定条件下进行决策的图形辅助工具。它将一个项目或项目中的一种情境表现为一系列实体、结果和影响，以及它们之间的关系和相互影响。如果因为存在单个项目风险或不确定性来源而影响图中的某些要素的不确定性，就在影响图中以区间或概率分布的形式表示这些要素；然后，借助模拟技术（如蒙特卡洛分析）来分析哪些要素对重要结果具有最大的影响。

（46）**参考答案**：D

🖊**试题解析**　根据所需的货物或服务性质的不同，招标文件可以是信息邀请书（Request For Information，RFI）、报价邀请书（Request For Quotation，RFQ）、建议邀请书（Request For Proposal，RFP），或其他适当的采购文件。使用不同招标文件的条件如下：

信息邀请书：如果需要卖方提供关于拟采购货物和服务的更多信息，就使用信息邀请书。随后一般还会使用报价邀请书或建议邀请书。

报价邀请书：如果需要供应商提供关于将如何满足需求和（或）将需要多少成本的更多信息，就使用报价邀请书。

建议邀请书：如果项目中出现问题且解决办法难以确定，就使用建议邀请书。这是最正式的"邀请书"文件，需要遵守与内容、时间表，以及卖方应答有关的严格的采购规则。

（47）**参考答案**：C

🖊**试题解析**　范围管理共包含 6 个管理过程：①规划范围管理；②收集需求；③定义范围；④创建 WBS；⑤确认范围；⑥控制范围。其中①～④过程位于规划过程组，⑤～⑥过程位于监控过程组。排列活动顺序属于项目进度管理知识域的规划过程组中的活动。

（48）**参考答案**：D

🖊**试题解析**　制订项目管理计划中的工具与技术包括：专家判断，数据收集，人际关系与团队技能和会议。

（49）**参考答案**：C

🖊**试题解析**　项目团队把项目章程作为初始项目规划的起点。项目章程会根据其所包含的信息种类数量、项目的复杂程度和已知信息的不同而不同。但项目章程中至少会包含项目的高层级信息，供项目管理计划的各个组成部分进一步细化。

（50）**参考答案**：B

🖋**试题解析**　黑客攻击或者病毒入侵会导致网站死机或者不能访问，影响项目的运作。防范措施是加强病毒检测和入侵检测，设置好防火墙。

（51）**参考答案**：D

🖋**试题解析**　规划范围管理过程使用的项目管理计划组件主要包括质量管理计划、项目生命周期描述、开发方法。

质量管理计划：在项目中实施组织的质量政策、方法和标准的方式会影响管理项目和产品范围的方式。

项目生命周期描述：定义了项目从开始到完成所经历的一系列阶段。

开发方法：定义了项目是采用预测型、适应型还是混合型开发方法。

（52）**参考答案**：D

🖋**试题解析**　定义范围过程的主要作用是描述产品、服务或成果，以及这些服务或成果的边界和验收标准。

（53）**参考答案**：A

🖋**试题解析**　创建工作分解结构（WBS）是把项目可交付成果和项目工作分解为较小的、更易于管理的组件的过程。本过程的主要作用是为所要交付的内容提供架构。

（54）**参考答案**：D

🖋**试题解析**　创建 WBS 的方法多种多样，常用的方法包括自上而下的方法、使用组织特定的指南和使用 WBS 模板。

（55）**参考答案**：B

🖋**试题解析**　创建 WBS 的主要输出包括范围基准和项目文件（假设日志、需求文件）的更新，而范围基准包括经过批准的范围说明书、WBS 和相应的 WBS 字典。范围基准由于被用作比较的基础，只有通过正式的变更控制程序才能进行变更。

（56）**参考答案**：B

🖋**试题解析**　紧前关系绘图法（Precedence Diagramming Method，PMD）用节点表示活动，用箭线表示活动间的依赖关系。其关系类型共有 4 种：完成到开始（FS）、完成到完成（FF）、开始到开始（SS）、开始到完成（SF）。

（57）**参考答案**：D

🖋**试题解析**　制订进度计划的主要工具为：关键路径法、资源优化、进度压缩、计划评审技术。

（58）**参考答案**：D

🖋**试题解析**　可作为实施风险应对过程输入的项目文件主要包括：经验教训登记册、风险登记册和风险报告等。

经验教训登记册：项目早期获得的与实施风险应对有关的经验教训，可用于项目后期提高本过程的有效性。

风险登记册：记录了每项单个风险的商定风险应对措施，以及负责应对的责任人。

风险报告：其中包括了对当前整体项目风险的评估，以及商定的风险应对策略，还会描述重要的单个项目风险及其应对计划。

（59）**参考答案**：C

🖋**试题解析**   审计是用于确定项目活动是否遵循了组织和项目的政策、过程与程序的一种结构化且独立的过程。质量审计是在对质量管理活动进行独立的、结构化的审查，以便总结质量管理方面的经验教训。质量审计通常由项目外部的团队开展，如组织内部审计部门、项目管理办公室或组织外部的审计师。

（60）**参考答案**：A

🖋**试题解析**   散点图：散点图是一种展示两个变量之间的关系的图形，它能够展示两支轴的关系，一般一支轴表示过程、环境或活动的任何要素，另一支轴表示质量缺陷。散点图一般用 x 轴表示自变量，y 轴表示因变量，定量地显示两个变量之间的关系，是最简单的回归分析工具。所有数据点的分布越靠近某条斜线，两个变量之间的关系就越密切。

矩阵图：在行列交叉的位置展示因素、原因和目标之间的关系强弱。

流程图：展示了引发缺陷的一系列步骤，用于完整地分析某个或某类质量问题产生的全过程。

直方图：是一种显示各种问题分布情况的柱状图。每个柱子代表一个问题，柱子的高度代表问题出现的次数。直方图可以展示每个可交付成果的缺陷数量、缺陷成因的排列、各个过程的不合规次数或项目与产品缺陷的其他表现形式。

（61）**参考答案**：A

🖋**试题解析**   变更请求是关于修改文件、可交付成果或基准的正式提议。如果在开展项目工作时发现问题，就可提出变更请求，对项目政策或程序、项目或产品范围、项目成本或预算、项目进度计划、项目或产品结果的质量进行修改。

（62）**参考答案**：D

🖋**试题解析**   变更请求可能包括：纠正措施（为使项目工作绩效重新与项目管理计划一致而进行的有目的的活动）；预防措施（为确保项目工作的未来绩效符合项目管理计划而进行的有目的的活动）；缺陷补救（为了修正不一致产品或产品组件而进行的有目的的活动）；更新（对正式受控的项目文件或计划等进行的变更以反映修改或增加的内容）。

（63）**参考答案**：B

🖋**试题解析**   可作为管理干系人参与过程输入的项目文件主要包括：变更日志、问题日志、经验教训登记册和干系人登记册等。

变更日志：记录变更请求及其状态，并将其传递给适当的干系人。

问题日志：记录项目或干系人的关注点，以及关于处理问题的行动方案。

经验教训登记册：在项目早期获取的与管理干系人参与有关的经验教训，可用于项目后期阶段，以提高本过程的效率和效果。

干系人登记册：提供项目干系人清单，及执行干系人参与计划所需的任何信息。

（64）**参考答案**：C

🖋**试题解析**   管理干系人参与过程使用的项目管理计划组件主要包括：沟通管理计划、风险管理计划、干系人参与计划和变更管理计划等。

沟通管理计划：描述与干系人沟通的方法、形式和技术。

风险管理计划：描述了风险类别、风险偏好和报告格式，这些内容都可用于管理干系人参与。

干系人参与计划：为管理干系人期望提供指导和信息。

变更管理计划：描述了提交、评估和执行项目变更的过程。

（65）**参考答案**：B

📎**试题解析**　风险登记册属于项目文件中的一种。

（66）**参考答案**：B

📎**试题解析**　数据分析包括备选方案分析、文件分析、过程分析和根本原因分析。备选方案分析用于分析多种可选的质量活动实施方案，并做出选择。文件分析用于分析质量控制测量结果、质量测试与评估结果、质量报告等，以便判断质量过程的实施情况好坏。过程分析用于把一个生产过程分解成若干环节，逐一加以分析，发现最值得改进的环节。根本原因分析用于分析导致某个或某类质量问题的根本原因。

（67）**参考答案**：D

📎**试题解析**　管理质量是所有人的共同职责，包括项目经理、项目团队、项目发起人、执行组织的管理层，甚至是客户。所有人在管理项目质量方面都扮演一定的角色，尽管这些角色的人数和工作量不同。

（68）**参考答案**：A

📎**试题解析**　控制范围是监督项目和产品的范围状态、管理范围基准变更的过程。本过程的主要作用是在整个项目期间保持对范围基准的维护，需要在整个项目期间开展。

控制项目范围确保所有变更请求、推荐的纠正措施或预防措施都通过实施整体变更控制过程进行处理。在变更实际发生时，也需要采用控制范围过程来管理这些变更。控制范围过程应该与其他项目管理知识领域的控制过程协调开展。未经控制的产品或项目范围的扩大（未对时间、成本和资源做相应调整）被称为范围蔓延。

控制范围过程的主要输入为项目管理计划、项目文件和工作绩效数据，主要输出为**工作绩效信息**。

（69）**参考答案**：C

📎**试题解析**　项目管理信息系统常用于监测 PV、**EV** 和 AC 这三个 EVA 指标，绘制趋势图，并预测最终项目结果的可能区间。

（70）**参考答案**：D

📎**试题解析**　监控过程组控制成本的主要工具与技术包括：挣值分析、偏差分析、趋势分析、储备分析、完工尚需绩效指数（TCPI）、项目管理信息系统。

（71）**参考答案**：B

📎**试题翻译**　当项目的一个或多个方面存在不确定性时，首先要采取的步骤之一是___（71）___。

（71）A．修改项目计划　　　　　　　　B．进行风险效益分析

　　　 C．进行需求分析　　　　　　　　D．增加该项目的估计成本

（72）**参考答案**：B

📎**试题翻译**　以下哪一个是项目关闭的最后一步？___（72）___

（72）A．客户已接受了该产品　　　　　B．档案齐全

　　　 C．客户感谢您的产品　　　　　　D．所学到的教训已被归档

（73）**参考答案：D**

🔧**试题翻译**　　___（73）___是质量控制的关键方面。

（73）A．范围受限　　　　　　　　　　B．最小化规划资源

　　　C．通用成本控制　　　　　　　　D．项目范围的焦点

（74）**参考答案：B**

🔧**试题翻译**　　您的 IT 公司负责制作软件病毒程序。你一直同时负责管理单个产品的发布与多个发布的协调。您的角色是___（74）___。

（74）A．产品经理　　　B．项目经理　　　　C．职能经理　　　　D．运营经理

说明：一个项目是一组以协调的方式进行管理的项目，以获得单独管理它们所无法获得的好处。许多程序还涉及正在进行的操作的元素。

（75）**参考答案：C**

🔧**试题翻译**　　您目前正在您所在组织的项目办公室工作，则你的工作职责可能是___（75）___。

（75）A．管理一个项目的不同活动

　　　B．始终对项目的成果负责

　　　C．以培训、软件、模板等形式向项目经理提供支持功能

　　　D．提供项目功能领域的主题专业知识

系统集成项目管理工程师机考试卷　第6套（冲刺卷）应用技术参考答案/试题解析

试题一　参考答案/试题解析

【问题1】参考答案

项目实施中存在的问题：①没有制订范围管理计划；②没有进行需求评审；③需求收集和范围定义没有干系人的参与；④范围说明书没有进行评审和批准；⑤范围控制没有做好，没有遵循正式的变更控制流程。

【问题2】参考答案

详细的项目范围说明书的内容有：①产品范围描述；②可交付成果；③验收标准；④项目的除外责任。

【问题3】参考答案

创建WBS的正确步骤：①识别和分析可交付成果及相关工作；②确定WBS的结构和编排方法；③自上而下逐层细化分解；④为WBS组成部分制订和分配标识编码；⑤核实可交付成果分解的程度是否恰当。

【问题4】参考答案

范围变更的工作程序：①提出变更申请；②对变更的初审；③变更方案论证；④变更审查；⑤发出通知并实施；⑥变更实施监控；⑦变更效果评估；⑧变更收尾，判断发生变更后的项目是否已纳入正常轨道。

试题二　参考答案/试题解析

【问题1】参考答案

根据三点估算公式，各个任务的期望工期为：

$A = (3 + 20 + 7) / 6 = 5$（天）

$B = (4 + 24 + 8) / 6 = 6$（天）

$C = (2 + 16 + 6) / 6 = 4$（天）

$D = (5 + 28 + 9) / 6 = 7$（天）

$E = (1 + 12 + 5) / 6 = 3$（天）

$F = (2 + 12 + 4) / 6 = 3$（天）

根据题目中给出的任务的紧前关系，画出的项目的网络图如下图所示（注意各活动的历时为其期望工期）。

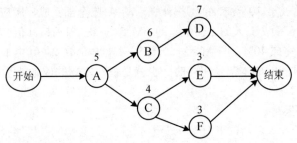

总工期 = A + B + D = 5 + 6 + 7 = 18 天。

关键路径是：A-B-D。

试题解析　三点估算法可以提高活动持续时间估算的准确性。基于持续时间在三种估算值区间内的假定分布情况，则可通过 T_o（乐观估计）、T_m（最可能估计）、T_p（悲观估计）这三个估计值，计算出期望工期 T_e。

如果三个估算值服从三角分布，则期望工期的计算公式为

$$T_e=(T_o+T_m+T_p)/3$$

如果三个估算值服从 β 分布，则期望工期的计算公式为

$$T_e=(T_o+4T_m+T_p)/6$$

【问题 2】参考答案

D 的浮动时间为 0。

试题解析　浮动时间分为总浮动时间（Total Float）和自由浮动时间（Free Float）。

某活动的总浮动时间是指在不影响整体项目工期及其他进度制约的前提下，某活动可以拖延的时间。

某活动的自由浮动时间是指在不影响该活动紧后活动最早开始时间或其他进度制约的前提下，某活动可以拖延的时间。

根据上述定义可以理解，项目关键路径上的任何活动，其总浮动时间和自由浮动时间皆为 0。而本题中的活动 D 是关键路径上的活动，因此其浮动时间为 0。

【问题 3】参考答案

PV=A+(10−A)+C+(10−A−C)+(10−A−C)=5+(10−5)+4+(10−5−4)+(10−5−4)=16（天）。

EV=A+(10−A)/B+C+(10−A−C)/E+(10−A−C)/E/F=5+(10−5)/6+(10−5−4)/3+(10−5−4)/3=6.5（天）。

SV=EV−PV=6.5−10.2=−3.7<0，进度滞后。

可以考虑的改进措施：①B、C 赶工，使其尽快完成；②D、E、F 赶工；③加强对进度的监控，及时调整资源分配。

试题解析

EV（Earned Value）即挣值，它的含义是"已完成工作原计划花多少钱"。

AC（Actual Cost）即实际成本，它的含义是"已完成的工作实际花了多少钱"。

PV（Planned Value）即计划值或称计划价值，它的含义是"某项活动计划花多少钱"。

因此，我们可以通过 EV 与 PV 之差，来评估项目的进度情况。如果 EV 与 PV 之差小于 0，也就是说当前已完成工作的计划价值小于当前应完成工作的计划价值，则进度滞后。反之则进度超前。

就本题来说，当前（第 10 天末）：①按计划活动 A 应全部完成，B 应完成 5 天的工作量，C 应全部完成，E、F 各应完成 1 天的工作量，即 PV=5+5+4+1+1=16；②已完成的工作量为 A 全部完成，B 完成 60%，C 完成 40%，即 AC=5+6×60%+4×40%=10.2；③由于本题中未指明单位时间的成本，即默认单位时间的成本都是相同的，也就是说，本题的成本就是用时间来衡量的，因此 AC=EV，因此 EV=10.2。

【问题 4】参考答案

任务 E 的工期延长 8 天，新的 E 任务工期为 11 天。这会影响关键路径的总工期。

此时关键路径由 A-B-D 变为 A-C-E，总工期变为 5＋4＋11＝20（天）。

试题三　参考答案/试题解析

【问题 1】参考答案

公司 C 在合同管理和文档管理方面存在以下问题：①合同中未明确约定需求变更的处理方式和责任分配；②合同执行过程中缺乏必要的文档记录和更新；③没有明确的合同变更流程和机制。

改进建议：①完善合同内容，包括需求变更、责任分配等条款；②建立规范的文档管理制度，确保项目过程中的所有重要信息都有记录；③设立合同变更管理流程，确保双方对变更内容达成一致。

【问题 2】参考答案

公司 C 在项目管理上存在的主要问题包括：①项目整合管理存在问题，未实施整体变更控制；②范围管理存在问题，未有效控制范围；③项目成本管理有问题，估算及预算未考虑人员变动带来的成本；④沟通管理有问题，未对变更可能引起的成本和工期变化与干系人进行充分沟通；⑤风险管理有问题，对项目范围变更的风险无有效应对；⑥项目资源管理有问题，部分团队人员在项目暂停期间离职说明管理团队存在问题。

建议的改进措施：①加强实施整体变更控制；②加强控制范围管理；③加强成本估算的能力；④加强管理团队能力；⑤加强沟通管理；⑥加强风险管理。

【问题 3】参考答案

为了项目的顺利进行，公司 C 和企业 D 应：①成立专门的协商小组，就项目变更和纠纷进行深入讨论；②评估需求变更对项目的影响，形成新的实施方案；③根据协商结果，修改合同内容，明确双方的权利和义务；④加强未来的沟通协作，确保信息畅通，避免类似问题再次发生。

【问题 4】参考答案

A F

试题解析　根据《中华人民共和国民法典》第五百七十七条之规定，当事人一方不履行合同义务或者履行合同义务不符合约定的，应当承担继续履行、采取补救措施或者赔偿损失等违约责任。

试题四　参考答案/试题解析

【问题 1】参考答案

质量专家在审查项目时所采用的主要工具与技术是审计。该工具与技术主要应用于质量管理过程的执行阶段。

试题解析　质量管理过程包含 3 个基本过程：规划质量管理，管理质量，控制质量。其中，规划质量管理属于规划过程组，管理质量属于执行过程组，控制质量属于监控过程组。

管理质量活动的工具与技术主要包括：数据收集，数据分析，决策，数据表现，审计，面向 X 的设计，问题解决，质量改进方法。

审计是用于确定项目活动是否遵循了组织和项目的政策、过程与程序的一种结构化且独立的过程。质量审计是在对质量管理活动进行独立的、结构化的审查，以便总结质量管理方面的经验教训。质量审计通常由项目外部的团队开展，如组织内部审计部门、项目管理办公室或组织外部的审计师。质量审计目标一般包括：识别全部正在实施的良好及最佳实践；识别所有违规做法、差距及不足；分享所在组织和（或）行业中类似项目的良好实践；积极、主动地提供协助，以改进过程的执行，从而帮助团队提高生产效率；强调每次审计都应对组织经验教训知识库的积累做出贡献。

【问题 2】参考答案

控制质量过程可采用的工具与技术包括：统计抽样、根本原因分析、检查、测试、散点图等。

试题解析　控制质量过程的工具与技术包括：工具与技术（核对单，检查表，统计抽样，问卷调查），数据分析（绩效审查，根本原因分析），检查，测试/产品评估，数据表现（因果图、控制图、直方图、散点图），会议。

【问题 3】参考答案

在执行控制质量的过程中，QA 的输出可能有：①质量控制测量结果；②变更请求；③工作绩效信息；④质量管理计划更新。

试题解析　本题考查控制质量过程的输出。控制质量的输出主要有：①质量控制测量结果；②变更请求；③核实的可交付成果；④工作绩效信息；⑤项目管理计划更新（质量管理计划）；⑥项目文件更新（问题日志、经验教训登记册、风险登记册，测试评估文件）。

【问题 4】参考答案

（1）B　　（2）E　　（3）A　　（4）C　　（5）D

试题解析　供应商、输入、过程、输出、客户模型（Suppliers, Input, Process, Output, Customer, SIPOC）；

质量成本（Cost of Quality，COQ）；

质量功能展开（Quality Function Deployment，QFD）；

企业流程再造（Business Process Reconstruction，BPR）；

根本原因分析（Root Cause Analysis，RCA）。